神经科学视角下的飞行员选拔与训练

赵秀影 著

国防工业出版社

·北京·

内 容 简 介

本书通过分析飞行员的头部磁共振成像数据，探讨其大脑结构与飞行能力之间的关联，以提供更加科学有效的飞行员选拔和培训方法。首先综述当前飞行员选拔和培训的方法，并分析了其存在的局限性和不足之处；然后介绍头部磁共振成像技术的原理和应用，以及如何获取、处理和分析头部磁共振成像数据；最后阐述选择合适的神经影像指标来揭示飞行员认知和执行能力的重要性，并提出了一种基于脑结构和脑活动的模型。

本书从脑成像分析的角度解密飞行员训练，为飞行员选拔与训练提供科学依据和指导，对于飞行员选拔机制的改进和飞行员训练方法的优化具有重要意义。

图书在版编目(CIP)数据

神经科学视角下的飞行员选拔与训练/赵秀影著.
北京：国防工业出版社,2025.3.--ISBN978-7-118
-13611-1

Ⅰ.V323

中国国家版本馆CIP数据核字第202546PL27号

※

国防工业出版社 出版发行

(北京市海淀区紫竹院南路23号　邮政编码100048)
三河市天利华印刷装订有限公司印刷
新华书店经售

*

开本710×1000　1/16　插页2　印张14　字数249千字
2025年3月第1版第1次印刷　印数1—1500册　定价98.00元

(本书如有印装错误，我社负责调换)

国防书店：(010)88540777　　书店传真：(010)88540776
发行业务：(010)88540717　　发行传真：(010)88540762

前言

飞行员是现代航空事业中不可或缺的,他们承担保障航空安全和顺利运行的任务。选拔合适的飞行员,以及进行高效的飞行员训练,一直是航空领域研究和实践的关键问题。当前,航空事业正处于飞速发展的阶段,飞行员作为航空事业的中坚力量,其选拔和训练举足轻重。当今飞行员选拔和训练领域面临着诸多挑战和瓶颈,而本书从神经科学的视角提出解决问题的新思路和新方法。

传统的飞行员选拔依赖主观的面试和体能测试,很难全面评估候选人的潜力。面试和测试的结果受主观因素和运气的影响,无法准确预测候选人在复杂环境下的表现。因此,需要运用神经科学的方法,通过脑特征的研究和脑成像分析等技术,来获取更全面、客观的信息,从而更准确地评估候选人的潜力。飞行员训练在职业生涯中至关重要,飞行员需要面对极端天气条件、高速运动的惯性力、机械故障等挑战,飞行员为了不断提升自身的水平和技能,需要不断地学习和磨炼。传统的训练模式面临着许多挑战,缺乏个性化的指导和反馈,飞行员无法达到最佳状态,这就需要利用神经科学的方法,通过研究脑特征和应用计算机学习算法等技术,为飞行员提供个性化的训练方案和指导。通过对飞行员的脑成像分析,可以了解他们在训练过程中的认知状态、情绪变化和意识控制等方面的表现,从而帮助他们更好地应对挑战,不断提升能力。

本书内容主要包括对飞行员脑物理结构特征和连接特征的研究,找到飞行员与普通人有显著差异的脑特征,利用元分析的方法对飞行员能力与训练的主要内容进行归纳分析,计算机学习算法可以准确识别出飞行员脑区的特征符合度概率。这些内容将为航空领域提供更加科学、准确、个性化的选拔和训练方式,提高飞行员的能力和潜力。从神经科学的视角来解决飞行员选拔与训练问题,可以更好地把握飞行员的潜力和发展方向,为航空事业的繁荣做出贡献。

本书共9章,第1章对美国和中国飞行员的选拔机制进行对比,分析其优、缺点以及中美之间的差距；第2章介绍神经科学的基础知识，包括磁共振成像原理和找出成熟飞行员脑区特征的方法；第3章探索飞行员灰质脑区结构特征，包括MRI数据处理、飞行员脑区特点分析结果以及飞行员认知与行为特征的研究；第4章进一步深入讨论飞行员脑区连接特征分析的方法和技术；第5章介绍飞行潜力评估算法，包括算法概述、机器学习在飞行潜力评估中的应用以及脑影像机器学习模型构建等内容；第6章对中美飞行员训练进行对比，探讨中美之间的差距，并分析其原因；第7章引入基于神经科学的训练方法，包括飞行特征阈值的选取方法和关键脑区训练的方法介绍；第8章介绍常用的权值确定算法，并详细解释本书所提出的权值确定方法。第9章对飞行员训练方法进行提炼总结，为读者提供一个全面而系统的概览。

  本书的特色在于将神经科学与航空领域相结合，提出了一种新颖的方法来解决飞行员选拔和训练的问题。通过研究飞行员的脑特征并基于此提供个性化的训练建议，可以更好地把握飞行员的潜能和发展方向。同时，利用计算机学习算法和脑成像技术评估飞行员的飞行能力和潜力，可以为航空领域提供更科学、准确和个性化的选拔和训练方式。不仅介绍了传统的飞行员选拔和训练方式面临的挑战(如主观面试和体能测试无法全面评估候选人潜力的问题)，还通过磁共振成像技术获取飞行员群体的脑特征，并探究待选拔对象的脑特征与成熟飞行员脑特征的匹配关系。通过对飞行员脑白质纤维的追踪，发现飞行员与普通人之间的差异。同时，还探讨了飞行员脑部优势区域的分布情况以及不同脑区之间的联系方式。此外，还应用机器学习算法和元分析方法来评估和提升飞行员的飞行能力和潜力。

作者

2024年12月

目录

第1章 中美飞行员选拔机制 ········001

1.1 美国飞行员选拔机制 ········001
1.1.1 基本资格审查 ········002
1.1.2 分类测试 ········002
1.1.3 身体测试 ········002
1.1.4 飞行经验 ········003
1.1.5 标准智力测试 ········003
1.1.6 军事资格测验 ········004
1.1.7 飞行履历和试飞 ········004
1.1.8 医疗审查 ········004
1.1.9 评估和面试 ········005
1.1.10 培训 ········005

1.2 中国飞行员选拔机制 ········006
1.2.1 基本资格审核 ········006
1.2.2 军事训练 ········006
1.2.3 飞行技术测试 ········006
1.2.4 身体技能测试 ········007
1.2.5 面试 ········007
1.2.6 安全背景核查 ········007

1.3 中、美飞行员选拔机制的优点和缺点 ········008

第2章 神经科学基础 ········010

2.1 磁共振成像原理介绍 ········010
2.2 成熟飞行员灰质脑区的特征 ········012
2.2.1 空间配准 ········014

        2.2.2　原点校正 ··· 017
        2.2.3　组织分割 ··· 020
    2.3　成熟飞行员脑区间连接特征 ·· 022
        2.3.1　磁共振扩散成像的指标计算和纤维跟踪 ··························· 023
        2.3.2　扩散张量的相关标量指标 ··· 024
        2.3.3　脑白质纤维跟踪技术 ·· 026
        2.3.4　弥散谱成像纤维跟踪 ·· 030

第3章　飞行员灰质脑区结构特征 ··· 032
    3.1　MRI数据处理 ··· 032
        3.1.1　VBM步骤 ·· 033
        3.1.2　特征值提取 ·· 037
    3.2　飞行员脑区特点的分析结果 ·· 042
    3.3　飞行员认知与行为特征 ·· 048
    3.4　功能总结与结论 ··· 073
        3.4.1　脑区重要性系数 ··· 074
        3.4.2　脑区功能 ··· 077
        3.4.3　能力聚类分析 ·· 079

第4章　飞行员脑区间连接特征分析 ·· 083
    4.1　DSI纤维跟踪原理介绍 ·· 083
    4.2　飞行员全脑脑区连接权值矩阵处理分析步骤 ····························· 084
        4.2.1　数据准备 ··· 084
        4.2.2　打开软件 ··· 084
        4.2.3　全脑纤维追踪 ·· 086
        4.2.4　保存权值矩阵 ·· 087
    4.3　平均权值矩阵求取方法 ·· 087
    4.4　DSI　STUDIO的AAL2脑区编号说明 ·································· 088

第5章　飞行潜力评估算法 ··· 095
    5.1　算法概述与介绍 ··· 095
    5.2　机器学习在飞行潜力评估中的应用 ·· 096
        5.2.1　机器学习概述 ·· 097

####### 5.2.2 机器学习基本名词 ·········· 105
####### 5.2.3 机器学习算法分类 ·········· 106
####### 5.2.4 机器学习模型评估与选择 ······· 109
####### 5.2.5 机器学习SVM模型 ··········· 114
####### 5.2.6 小结 ················· 125
5.3 脑影像机器学习模型构建 ············ 125
####### 5.3.1 安装Python和主要库 ········· 126
####### 5.3.2 机器学习管道 ············· 126
####### 5.3.3 结论 ················· 148
5.4 流程及程序代码说明 ·············· 148
####### 5.4.1 原点校正 ··············· 148
####### 5.4.2 DICOM格式的图像转换为NIfTI格式 ·· 150
####### 5.4.3 T_1图像组织分割与空间标准化 ····· 151
####### 5.4.4 T_1图像平滑 ············· 152
####### 5.4.5 提取ROI的MATLAB程序 ······· 153
####### 5.4.6 深度学习MATLAB程序 ········ 154
####### 5.4.7 深度学习Python程序 ········· 155
####### 5.4.8 支持向量机的Python程序 ······· 157

第6章 中、美飞行员训练对比 ············· 159
6.1 中国飞行员训练过程概述 ············· 159
6.1.1 理论课程 ················ 159
6.1.2 地面训练 ················ 160
6.1.3 模拟器训练 ··············· 160
6.1.4 实际飞行任务 ·············· 161
6.1.5 技能和知识 ··············· 161
6.1.6 面临的挑战 ··············· 162
6.2 美国飞行员训练过程概述 ············· 162
6.2.1 基础飞行训练 ·············· 162
6.2.2 飞行技术训练 ·············· 163
6.2.3 仪表飞行训练 ·············· 163
6.2.4 高级技术训练 ·············· 164
6.2.5 武装飞行员训练 ············· 164

   6.2.6 战斗机飞行员训练 ·············· 165
 6.3 中、美飞行员训练的差距分析 ············· 165

第7章 基于神经科学的训练方法 ············· 167
 7.1 飞行特征阈值的选取方法 ············· 167
   7.1.1 通过数据特征确定阈值 ············· 168
   7.1.2 通过具体的问题和应用场景确定阈值 ············· 168
   7.1.3 经验阈值 ············· 169
   7.1.4 阈值确定 ············· 170
 7.2 关键脑区的训练方法 ············· 171

第8章 权值的确定方法 ············· 193
 8.1 常用的权值确定算法介绍 ············· 193
   8.1.1 最大熵方法 ············· 193
   8.1.2 熵权法 ············· 194
   8.1.3 支持向量机法 ············· 195
   8.1.4 层次分析法 ············· 196
   8.1.5 灰色关联分析法 ············· 198
   8.1.6 朴素贝叶斯算法 ············· 199
   8.1.7 决策树算法 ············· 200
   8.1.8 遗传算法 ············· 201
   8.1.9 神经网络算法 ············· 202
 8.2 权重确定方法的详解 ············· 203

第9章 飞行训练方法提炼总结 ············· 205
 9.1 关键脑区的训练方法总结 ············· 205
 9.2 训练方法聚类分析 ············· 207
 9.3 训练方法的聚类结果 ············· 209

第10章 结论和展望 ············· 212

参考文献 ············· 213

第1章
飞行员选拔机制

中、美两国的飞行员选拔方式存在较大的差异：美国的飞行员选拔体系非常复杂和完善，通常需要经历多轮的选拔和训练，同时拥有大量的科技设备和优质的教育资源；中国的飞行员选拔体系相对简单，主要依靠国内的部队选拔和培养，由军方进行统一管理和训练。

在选拔标准方面，美国的飞行员选拔注重个人素质和能力，通常需要通过严格的体能测试、智力测试、模拟飞行和实际飞行等多重考核，同时，还需要满足高学历和高智商的要求；中国的飞行员选拔标准较为简单，主要着重于身体素质和操作技能。在培训内容和水平方面，美国的飞行员培训课程内容更加深入和细致，注重理论和实践相结合，对学员的细节要求更加严格，培养的飞行员具备高超的飞行技术和知识水平；中国的飞行员培训课程更加依靠实践和经验积累，注重培养极端环境下的应变能力和实际作战技能。总的来说，中、美两国在飞行员选拔和培训方面存在较大差异，但都致力于培养出一批高素质的飞行员，为各自国家的航空事业和国防事业做出贡献。

1.1 美国飞行员选拔机制

美国的海军、空军和海军陆战队需要高素质的飞行员来执行各种任务。成为一名飞行员，首先需要满足身体、智力和教育方面的一系列要求，并通过医疗检查、体能测试、知识和技术测试等考核。申请人需要参加标准化测试、面试、心理学测试和焦虑测试等，经过初步筛选后，最有潜力和能力的候选人将进入基础训练阶段。这个阶段旨在培养申请人的基本飞行技能和自信心，确保能够顺利进行高级训练。完成基础训练后，申请人将会接受更高级的飞行和任务训练，包括空中加油、空战、地面进攻、侦察等科目，通常持续数月或数年。候选人需要接受特定飞机和任务领域的适应培训，确保他们可以胜任任何特定飞行机型的任务。美国空军和海军陆战队的飞行员选拔过程非常严格和复杂,以确保最高水平的技能和应用能力。在竞争异常激烈的环境中,只有最佳的候选人才能通过选拔过程并成为精英飞行员。

1.1.1 基本资格审查

在美国成为一名飞行员需要通过基本资格审查,其中包括一系列严格的要求。申请人必须符合美国公民资格、年龄要求、健康状况以及最低教育程度等要求。年龄方面,申请人必须年满 17 岁才能开始学习飞行,年满 18 岁才能获得民用飞行员执照。此外,申请人需要接受美国联邦航空管理局(FAA)认可的完整身体检查,并进行心理评估,确保其身心健康,适合担任飞行员职务。教育背景方面,申请人至少具备高中或同等学力。飞行经验方面,申请人需要在 FAA 认可的飞行学校学习并取得合格的成绩。申请人需要通过 FAA 飞行考试,包括理论考试和实践考试,才能获得民用飞行员执照。这些审查要求的目的是确认申请人的资格和经验,确保其能够安全地飞行并担任飞行员职务。

1.1.2 分类测试

申请加入军方成为军用飞行员需要参加军方分类测试,该测试旨在评估申请人在军队作战中的适应性。测试要求申请人具有学士学位或同等学力,主修在科学、技术、工程、数学或社会科学等领域,并具备良好的身体状况,通过身体检查和体能测试。申请人还需通过智力测试,包括语言、数学和空间认知等方面。此外,申请人还需要有一定的飞行经验,持有民用飞行员执照,并完成基于计算机的测试以及物理性能测试、面试和背景调查等。该测试要求申请人在多个方面表现出色,以便有资格加入军方成为军用飞行员。军事职业专业(military occupational specialty, MOS)或空军专业代码(air force specialty code, AFSC)测试是针对军方对申请人的需求而制定的,不同航空专业的测试内容和难度有所不同。

1.1.3 身体测试

为了确保申请人的身体适合从事军用飞行工作,美国军方在招收飞行员时会进行身高、体重、肺活量、视力和听力等多方面的测试。具体测试项目如下：申请人需要符合身高和体重要求，这是根据军方标准而有所不同。申请人需要符合视力要求。视力要求根据飞行员工作的类型而有所不同，飞行员一般需要具有20/20的视力，这样才能看清飞行表和地图，即使在光线不好时也能够看清目标。申请人需要通过听力测试，确保可以在各种背景噪声下进行通信，并能够听到飞机发动机的异常声音。申请人必须经过心血管测试和检查，确保没有任何心血管疾病，并保持血压在设定的标准内。申请人需要经过智力测试，以检查其认知、记忆和思维能力，做好应对复杂环境和危机的准备。通常会在一个或多个医疗机构进行这些测试，确保申请人在体能和心理上都能够达到飞行员的要求。

1.1.4 飞行经验

申请成为飞行员的要求之一是具备一定的飞行经验，至少具有私人飞行执照。在美国军方选拔飞行员时，飞行经验是考核重要因素之一。需要考虑的因素：①飞行等级。申请人是否已经取得了民用或军用飞行执照，以及他们在这些执照中所获得的等级和飞行经验。②飞行时间。申请人在规定时间内积累了飞行小时数的飞行经验是一个很重要的参考因素，通常来说，积累的时间越长、经验越丰富，越能证明申请人的飞行能力。③飞行任务。申请人是否参与过与飞行有关的任务，特别重要的是，申请人是否参加过与军用飞行有关的任务，例如支援部队、空中侦察、空中救援等任务。④飞行类型。申请人是否有机会掌握不同类型的飞行。拥有更多飞行器的驾驶经验，有助于申请人在不同情况下适应和表现出色。以上因素对确保一名飞行员的能力和安全至关重要，但录取申请人时军方也会考虑身体条件、心理状态等。申请人还需要参加一系列实际飞行测试，以评定和确定他们能否胜任该职位。

1.1.5 标准智力测试

标准智力测试广泛应用于申请人的信息处理和思考技能，如数学测验、装配图解读以及问题求解等，可以考查申请人的语言、数学、空间感知、思维灵活性、记忆、注意力、判断和注意细节等方面的能力。智力测试是评估申请人是否具备成为飞行员所必需的认知和技术能力的重要手段，而要成为美国军方飞行员的申请人，必须准备好应对这些测试。

1.1.6 军事资格测验

军事资格测验(military qualification test)旨在测试申请人在初级教育程度下对军事核心概念和技术专业能力的理解。在美国军方选拔飞行员时,申请人必须参加一系列严格的军事资格测验,以评估其身体状况、心理状态、领导能力,以及是否具备成为军队飞行员的资格。申请人必须通过一系列的身体测试,以评估他们是否足够强壮和健康以应对长期高强度的飞行任务。这些测试包括眼睛、耳朵、心血管、呼吸系统、神经系统等方面的检查。申请人必须接受心理测试,以评估他们的心理健康和适应能力,是否能够处理和应对飞行任务中的压力和挑战。这些测试包括性格测试、智力测试、应激能力测试等。申请人必须接受领导能力测试,以评估他们是否有足够的领导能力和团队合作能力,能够与其他飞行员和军事指挥官一起工作。申请人必须参加飞行模拟器测试,以评估他们的飞行技能和应对紧急情况的能力。这些测试会模拟各种飞行任务场景,如起飞、着陆、空中巡逻、空中侦察等。这些军事资格测验旨在考查申请人是否具备成为合格的军事飞行员所需的能力,每个测试都设计得非常严格,只有符合军方要求的申请人才能成功晋级并参加下一轮选拔。

1.1.7 飞行履历和试飞

在美国军方选拔飞行员时,申请人需要提交完整的飞行履历,包括他们在民间或军方中与飞行相关的经验和证书。申请人还必须通过一系列的试飞测试,证明他们具有足够高的飞行技能和丰富的飞行经验,能够胜任各种飞行任务和军队飞行员的职责。试飞测试涵盖了基础飞行测试、高级飞行测试、演示飞行测试和特殊任务测试等多种测试项目,要求试飞员在这些测试中展示出操纵飞行器的能力、高级的飞行技能、应对突发情况的能力以及大量的专业素养和经验,并且需要经过多个阶段的筛选才能被接收为合格的军队飞行员。

1.1.8 医疗审查

在美国军队选拔飞行员时,申请人需要接受严格的医疗审查,以确保他们适合成为飞行员。医疗审查主要包括身体健康、视力和听力、心理健康以及药物和酒精检查。在身体健康方面,申请人需要进行全面的身体检查,包括体格测量、血液检查、心电图和 X 射线等检查,确保其身体健康状况良好,没有任何疾病或残疾。在视力和听力方面,申请人需要进行测试,确保其视力和听力达到足够的标准,可以在高负荷和高风险的工作中保持警觉。在心理方面,申请人需要接受心理测试和评估,以确定其是否具备足够的心理抗压能力和应对高强度工作的能力。在药物和酒精方面,申请人需要进行测试,以确保其没有使用任何违禁的药物或饮酒,药物和饮酒会影响他们的工作表现和安全性。飞行员的医疗审查非常严格,这是因为飞行员在飞行过程中存在很大的风险,必须保持高度的警觉,确保安全完成任务。因此,只有身体健康、精神健康、反应灵敏、处事从容的申请人才有资格成为飞行员。

1.1.9　评估和面试

在美国军队选拔飞行员过程中,评估和面试是非常重要的环节。申请人将接受多项标准化的评估和面试,以确定其是否适合成为飞行员。评估包括心理和智力测试、操作和飞行测试,评估申请人的人格、适应性、压力处理能力、智力水平、分析能力、操作和飞行能力以及适应高压力的能力。面试包括个人面试和组队面试,评估申请人的领导能力、决策能力、沟通能力、工作态度、协作能力、组织能力和解决问题的能力。评估和面试可以帮助评估员确定申请人是否有成为飞行员的资格和能力。只有通过了这些评估和面试的申请人,才能被选拔成为美国军队的飞行员。

1.1.10　培训

美国军队飞行员培训是一项广泛而严格的过程,目的是确保飞行员具备所需的能力、技术和经验,可以胜任复杂的飞行任务。飞行员培训通常需要数月乃至数年,包括基础训练、初级飞行训练、高级飞行训练和任务训练等。飞行员培训要求不断变化,取决于任务需求和所在部队。在培训期间,学员需要掌握飞行的基本概念和技能,使用模拟器和小型飞机进行飞行训练,学习一般气象学和空域规则等知识。随着培训的进展,学员将使用高级武器系统、战斗机或大型飞机进行飞行训练,掌握更高的飞行技能。此外,他们还需要接受多种任务类型的训练,如空中交战、反潜巡逻、侦察和打击地面目标等,并接受紧急情况的训练,如故障处理和意外撤离训练等。飞行员的整个培训过程非常严格,且具有挑战性,需要飞行员长时间的大量的付出,以掌握复杂的技能和知识。同时,飞行员还需要全面掌握安全规则,时刻保持警觉,确保安全。

1.2 中国飞行员选拔机制

1.2.1 基本资格审核

飞行员的基本资格审核是第一步,要求申请人必须具备中国公民身份证或有效中国护照、年龄在18~28岁,身体素质好,没有重大疾病,男性飞行员身高1.63米以上,女性飞行员身高1.58米以上,双眼裸眼视力5.0以上,身体指标符合飞行员体格标准,体重指数不能低于18或高于25,具备大学本科及以上学历,英语能力较强,综合素质较高,无严重的犯罪或违纪行为记录。申请人不满足以上基本要求,就无法进入下一步的选拔程序。

1.2.2 军事训练

飞行员在完成基本资格审核后,需要接受数年的军事训练,包括基础军事训练、正式实战化军事训练、空战训练、特殊飞行技术训练,以及文化、思想、政治教育。在基础军事训练中,飞行员需要学习各种基础航空军事技能以及特种技术。完成基础训练后,飞行员还需要参加6个月的正式实战化军事训练,并接受身体、技能、文化方面的严格考核,以提高飞行员的战斗能力和素质水平。空战训练是主要课程,包括敌我空中武装力量对抗、航空兵指挥和空地攻击等。特殊飞行技术训练目的是提高飞行员在特殊情况下的技术水平和应变能力。同时,飞行员还需接受广泛的文化、思想和政治教育,以培养主观能动性、创造性和担当精神,注重立德树人、完善制度、改善环境等工作。军事训练期间,空军会对飞行员进行严格的技术水平和表现考核,确保他们能够胜任飞行任务,提高他们的综合素质和能力。

1.2.3 飞行技术测试

飞行技术测试是一项全方位检测飞行员技术水平的测试,包括身体素质测试、仪器仪表测试、空中动力学测试、部件检查测试、特殊飞行技能测试以及应急处置测试。这些测试旨在评估飞行员在飞行技术方面的能力,包括体能、反应能力、仪器仪表熟练度、机动技能、部件可靠性、特殊环境飞行能力以及应急处置能力等。该测试的目的是全面、客观地评估飞行员的技能水平,发现问题和隐患并采取有效措施加以改进。测试结果对于选拔飞行员和保障飞行安全和提高飞行效率都至关重要。

1.2.4　身体技能测试

身体技能测试是指对飞行员的身体和健康状况进行全面考查,以确保其适合飞行员这一职业。测试视力、听力、心肺功能、反应速度和协调性以及身体质量指数等方面,以评估飞行员的身体素质和航空心理素质是否能进行复杂的飞行环境和不时发生的紧急事件处理。视力测试主要考查申请人未矫正和矫正后的远/近视力、色觉和暗适应能力等;听力测试主要考查申请人听力、内耳检查、平衡系统检查等;心肺功能测试主要考查申请人静态和动态肺活量、最大摄氧量和心率、血氧饱和度等;反应速度和协调性测试主要考查申请人目视协调测试和手-眼协调测试等;身体质量指数测量则可以衡量一个人的身高和体重关系,以确保飞行员体形匀称、健康。

1.2.5　面试

在飞行员的选拔过程中,面试是非常重要的一个环节,面试官会评估申请者的领导能力,以及人格、专业知识等方面的能力。面试内容通常包括:个人背景和职业规划,据此可以了解申请人对飞行事业的认知和发展前景。面试官会询问申请人的飞行经历和技能,考查其在掌握飞行技能和适应不同环境方面的能力。申请人需要应对情景模拟和应急处理等测试,以展现其在不同情况下的反应速度和应对能力。团队协作和领导能力,面试官会评估申请人在这方面的经验和成绩。道德品质和人格特征,这能够展现申请人的诚信、责任感、稳定性等素质。不同飞行员选拔机构的面试内容会有所不同,但总的来说,申请人需要认真准备、冷静应对,以展现其专业素养和综合素质。

1.2.6　安全背景核查

在飞行员选拔中,安全背景核查是非常重要的一个环节。该环节主要是通过审查申请人的安全背景和信用记录,以确保其为合格的申请人。安全背景核查内容包括安全记录、医疗记录和身体健康、犯罪记录、教育和工作背景,以及专业人员的背景调查等。面试官会审查申请人的安全背景记录和操守素质,确保飞行员候选人不会带来安全隐患。因此,申请人需要遵守法律法规,如实填写个人信息,保证安全背景记录良好,提高被录用的机会。

在中国飞行员选拔中,安全是最重要的指导原则。不仅需要申请人驾驶技术娴熟、经验丰富,还需要具备好的个人素质,坚定的信仰,较高的道德伦理观念,团队合作意识等。通过多渠道的安全背景核查,确保候选人没有安全隐患,提高候选人素质和影响力,培养更多优秀的飞行员。飞行员是民航事业的中坚力量,也是民族航空事业的重要支撑,应该广泛挖掘和培养更多的飞行员,同时,也要不断改进选拔机制、完善选拔流程,为中国民航事业的发展提供良好的人才保障。

1.3 中、美飞行员选拔机制的优点和缺点

中国飞行员选拔机制非常注重安全性和资质的审核,确保每位飞行员的安全性能和飞行技术达到要求。中国飞行员培训通常包括多个阶段的模拟飞行测试和实战训练,确保飞行员身体、技术和心理素质达到良好状态,可以安全地承担任务。同时还会针对不同的职位要求定制不同的培训方案,更好地适应市场需求。中国飞行员选拔机制还具有更强的规范性和统一性,便于管理和培养。负责管理飞行员选拔的部门会对申请人的资历、经验、安全记录等进行全面审核,选择合适的人才进行培养。在培训期间,会根据培训计划和课程内容来制定培养方案,更好地培养符合市场需求的人才。

中国飞行员选拔机制也存在一定的缺陷。中国飞行员培训、选拔试用期长,就业后企业的管理方式也较为严格,需要飞行员有更强的自律意识和承受能力。这也让一些具有较好飞行技术但缺乏耐心和毅力的申请人被拒绝。

美国飞行员选拔机制灵活和多元化。美国将飞行员的培训集成到商业模式中,培养更多的飞行员,以满足更加多样化的市场需求。美国飞行员培训管理较为开放,能够激励飞行员的自主性和创新意识。

美国飞行员选拔技术手段先进,不断引入新的科技和训练方法。美国飞行员选拔使用多种现代化的技术手段,如虚拟现实(VR)模拟器,可以帮助候选人在虚拟环境中进行逼真的飞行模拟,包括各种天气条件和特殊情况的应

对。这种技术可以提高训练的真实性和效率,帮助候选人更好地适应复杂的飞行情况。美国飞行员选拔还使用了计算机辅助训练和评估系统,候选人可以通过这个系统进行自我评估和反思,找到不足之处并进行针对性的训练。这种技术可以提高训练的个性化和针对性,使训练更加高效和有针对性。美国飞行员选拔还采用了人工智能和大数据分析等技术。从大量的数据中提取特征,分析候选人的心理和行为模式,更好地了解其在飞行任务中的表现和应对能力。这种技术可以精准预测申请人的表现,并提高选人的准确性和效率。这些技术手段的先进性使美国飞行员具有更高的水平和更强的竞争力。

第2章
神经科学基础

飞行员选拔囊括了很多方面的考查,包括身体素质、认知能力、技术能力等。而神经科学的研究可以为飞行员选拔提供很多有益的信息,例如,分析人类认知和学习的过程,研究人脑如何对信息进行处理和响应。这一领域的研究可以帮助优化飞行员的训练和培训过程,提高其认知能力和反应速度。此外,神经科学还可以帮助研究飞行员的应激反应和压力管理能力,以及如何缓解长期工作压力造成的身体伤害。这些研究结果有助于为飞行员选拔制定更具体、更有效的身体和心理测试标准,确保拥有一个健康、强壮和心理平衡的飞行员队伍。神经科学对飞行员选拔是非常有帮助的,它为了解人体机能的运行提供更细致的观察和分析,为提高飞行员的训练和培训质量、选拔出更加精英的飞行员提供了理论和实践支持。头部磁共振成像(MRI)可用于评估大脑与神经系统的结构和功能,用于研究长期从事特殊职业的人群,了解其相关头部MRI特征。职业运动员、职业司机及外科医生,长期从事的职业可能对大脑结构和功能产生影响,因此头部MRI可能显示脑损伤、脑退化、颅内血流量变化、灰质体积的变化等。但是,这些特殊职业人的头部MRI变化需要与正常人相比较,并结合临床病史和其他检查数据进行评估和诊断。

2.1 磁共振成像原理介绍

头部磁共振成像采用静磁场和射频磁场使脑组织成像,在成像过程中既不用电子离辐射也不用造影剂就可获得高对比度的清晰图像。磁共振成像装置除了具备X射线、计算机断层(CT)扫描可获得无重叠的质子密度体层图像之外,还可借助磁共振原理精确地测出原子核弛豫时间 T_1 和 T_2,能将人脑结构的信息反映出来,这些信息通过计算机重建出图像,便于区分脑中的灰质(gray matter,GM)与白质(white matter,WM),对组织结构成像效果有极大的优越性,其软组织的对比度也更精确。

在磁场中原子核自旋产生的磁矩并不完全与磁场一致,而是有一个倾斜角 θ。这样,双极磁体环绕磁场进动,进动的频率取决于磁场强度和原子核类型,即满足拉莫尔关系 $\omega_0 = \gamma B_0$,其中,ω_0 为进动角频率,B_0 为磁场强度,γ 为磁旋比。氢的主要同位素质子在人体中丰度大,而且它的磁矩便于检测,因此最适合从它得到磁共振图像。

在进动的磁矩集合中,相位是随机的,磁矩的合成取向形成宏观磁化(用 M 表示),这个宏观磁矩在接收线圈中产生核磁共振信号。在大量氢核中,一半多处于低等状态,处于两种基本能量状态核子之间存在动态平衡,平衡状态由磁场和温度决定。当从较低能量状态向较高能量状态跃迁的核子数等于从较高能量状态到较低能量状态的核子数时,就达到"热平衡"。如果向磁矩施加符合拉莫尔频率的射频能量,而这个能量等于较高和较低两种基本能量状态间磁场能量的差值,就能使磁矩从能量较低的"平行"状态跃到能量较高"反向平行"状态,发生共振。

向磁矩施加拉莫尔频率的能量能使磁矩发生共振,使用一个与做进动的自旋同步(共振)的振幅为 B_1 射频场,当射频磁场 B_1 的作用方向与主磁场 B_0 垂直时,可使磁化向量 M 偏离静止位置做螺旋运动(称为章动),即经射频场的力迫使宏观磁化向量环绕它做进动。如果各持续时间能使宏观磁化向量旋转 $90°$,它就落在与静磁场垂直的平面内,可产生横向磁化向量 M_{xy}。如果在这横向平面内放置一个接收线圈,该线圈就能切割磁力线产生感生电压。当射频磁场 B_1 撤除后,宏观磁化向量经受静磁场作用,就环绕它进动,称为"自由进动"。因进动的频率是拉莫尔频率,所感生的电压也具有相同频率。由于横向磁化向量不恒定,它以特征时间常数衰减至零,为此,感生的电压幅度也随时间衰减,表现为阻尼振荡,这种信号称为自由感应衰减(free induction decay,FID)信号。信号的初始幅度与横向磁化成正比,而横向磁化与特定体元的组织中受激励的核子数目成正比,于是在磁共振图像中可辨别氢原子密度的差异。

拉莫尔频率与磁场强度成比例,如果磁场沿 X 轴梯度改变,那么得到的共振频率与体元在 X 轴的位置有关,而要得到同时投影在坐标轴 X、Y 上的信号,可以先加上梯度磁场 G_X 收集和变换得到的信号,再用磁场 G_Y 代替 G_X 重复这一过程。许多频率复合组成的信号是从大量空间位置点收集的,利用傅里叶变换不但能求出各个共振频率,即相应的空间位置,还能求出相应的信号振幅,而信号振幅与特定空间位置的自旋密度成比例。这就是磁共振成像方法的原理。

2.2 成熟飞行员灰质脑区的特征

人脑是中枢神经系统的最高级组成部分,是一个极其复杂的智能信息处理系统。采集得到的脑成像数据蕴含丰富信息,通过这些数据可以深入研究大脑的结构与工作机制。磁共振成像利用磁共振现象从人体中获得电磁信号,并重建出人体信息。T_1序列图像主要反映脑的解剖结构。

基于体素的形态测量(voxel-based morphometry,VBM)是分析大脑解剖学(结构)差异常用的方法之一。其通过给大脑逐体素打标签(分类)的方式来进行组织分割,比传统的基于感兴趣区域(region of interest,ROI)先验假设的分析方式得到的结果更具有稳定性和可重复性。

T_1序列核磁扫描如图2-1所示,分别对X、Y、Z三个轴方向分层扫描得到一系列图像,通过软件可以重建成一个大脑,即被试的某一序列的扫描图像的三维结构。

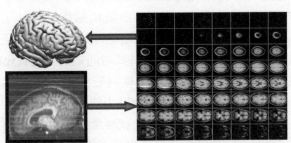

图2-1 T_1序列核磁扫描图

VBM是一种基于(高分辨率)MRI脑部扫描图像(一般使用T_1加权图像)的技术,它旨在研究不同个体或群体之间大脑结构的差异。该分析涉及多个预处理步骤,关键步骤如下:

(1)空间归一化:这是分割和比较的前提。通过空间归一化可以将不同个体的大脑扫描图像投射到一个标准空间,使得个体之间的解剖结构能够更好地对齐和比较。

(2)偏置场校正:旨在降低同一组织不同区域的亮度值差异,有利于后续的组织分割。偏置场校正可以有效减少图像中的伪影和噪声,并改善分割结果的准确性。

(3)分割:将大脑扫描图像中的不同组织结构(如灰质、白质、脑脊液等)进行分离和识别。这一步是VBM分析的关键,为后续的体积测量和对比提供基础数据。

(4)调制:将空间归一化阶段生成的变形场应用到分割结果上,以保留个体的组织体积信息。这有助于纠正空间归一化而引起的组织体积变化,确保分析结果更加精确可靠。

(5)平滑:去除噪声,弥补分割结果存在的缺陷,并使图像更适合进行统计分析。平滑操作可以帮助提高数据的空间一致性和信噪比,从而更准确地探索大脑结构的特征和差异。

通过以上预处理步骤,VBM分析能够有效地研究大脑形态学结构,为神经科学研究和临床诊断提供重要的数据支持。这些步骤的准确执行与合理选择对于保证分析结果的可靠性和可比性至关重要。

人的头部大小和形状都是不同的,而且不同次扫描时头部的位置也会发生变化,如图2-2所示。这意味着在进行多样本统计分析时,需要处理这些头部位置的差异,确保找到的局部解剖结构变化具有显著性。可以通过对应位置值的相减,并进行假设检验来寻找解剖结构的差异。然而,如果所有被试图像中相同空间坐标下对应的解剖位置不一致,即缺乏一致性,那么通过相减得到的差异没有意义,无法进行进一步的组水平统计分析。因此,需要让所有被试头部在不损失皮质特征差异的前提下对齐到一个公共的模板上,纠正大脑整体形状和解剖位置的差异。通过这种方法可以使不同被试和不同扫描之间具有可比性和一致性,保证分析的准确性和可靠性。

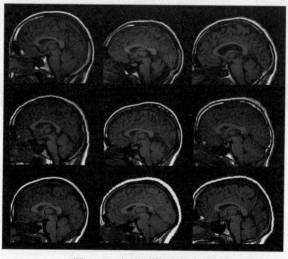

图2-2 大脑形状位置差异

对齐到公共模板的过程称为空间归一化,它使用变形场将每个被试的大脑图像变换到共同的标准空间。在这个过程中可以校正个体之间的形状和位置差异,使得相同空间坐标对应的解剖位置基本一致。通过空间归一化可以确保在进行多样本统计分析时能够有效比较不同被试和不同扫描之间的大脑结构差异,为后续的研究和诊断提供可靠的数据支持。这种方法的应用能够提高分析结果的可靠性和比较性,提供更准确的结论和洞察力。

2.2.1 空间配准

公共模板主要是确定一个公共的坐标空间,使不同个体的头部在该坐标空间下,相同坐标位置对应的组织结构基本一致。使用公共模板可以纠正头部之间的解剖差异,确保在进行统计分析时能够具有可比性和一致性。为了适应特殊的研究对象,如幼儿等特定群体,需要制作专门的公共模板,这样的公共模板更好地适应特定群体的解剖结构特征,提高配准的精度和准确性。一般情况下标准模板是通过对一系列被试(例如152个人脑T_1扫描图像)的平均处理而生成的,如图2-3所示。尽管标准模板可能会显得略微模糊,但仍然可以轻松地在其中找到前联合(anterior commissure, AC)和后联合(posterior commissure, PC)点。常用的神经影像软件如CAT、FSL、SPM通常都采用MNI152空间作为标准模板,以支持各种神经影像数据的标准化处理。

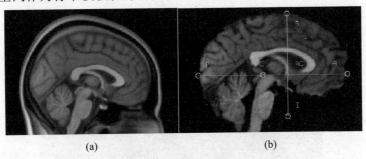

图2-3 MNI152标准模板

空间标准化是一个重要的配准过程,包括线性配准和非线性配准两个阶段。线性配准旨在将被试的大脑图像缩放、旋转和平移至与标准模板尽可能一致的位置和方向。非线性配准通过变形场方式进一步调整图像,以更精确地匹配解剖结构。这种配准过程可以消除个体之间的形状和位置差异,为后续统计分析和研究提供可靠的数据基础。

线性配准是一种常用的配准方法,它通过进行仿射变换来实现图像的对齐。仿射变换包括旋转、平移、缩放和错切等,如图2-4所示。在线性配准中,图像被整体进行仿射变换,以调整图像的位置和大小,使其与目标图像对齐。然而,由于线性变换的限制,它只能匹配整体的位置和大小,无法对图像进行更精细的调整。因此,在线性配准后脑部图像在形状和组织位置上仍然存在较大差异。

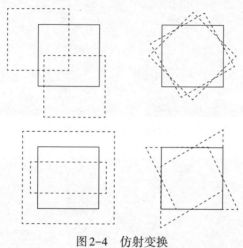

图2-4 仿射变换

线性配准的目标是实现局部解剖结构的大致对齐,为后续的非线性配准和统计分析提供初始的基准。通过线性配准可以消除一些大脑图像之间的整体差异,使得相同区域的大脑结构大致保持一致。然而,如果需要更准确地匹配脑部结构,特别是在解剖不规则或有病理变化的情况下,线性配准可能无法满足要求。这时候需要进一步的非线性配准,通过变形场的调整来更精细地匹配脑部图像,使其在形状和组织位置上更加一致。线性配准是一种常用且简单的配准方法,适用于大体积结构的对齐。非线性配准能够更好地匹配局部解剖结构的差异,在需要更高精度的情况下它会提供更好的结果。

非线性配准是在经过线性配准后的图像(图2-5)。通过扭曲和变形操作,将被试图像的脑沟和其他结构尽量对齐到模板上,并使其与模板尽可能相似。这个操作过程受最优化理论和一些平滑度量的控制,目标是最小化平方误差函数。在非线性配准中,通过调整变形场对被试图像进行精细地调整和变形,以更好地匹配大脑结构的细节和局部特征。通过这种方式,不同被试的脑形状和组织结构在解剖位置上变得非常相似,即相同空间坐标对应的解剖位置基本一致,如图2-6所示。

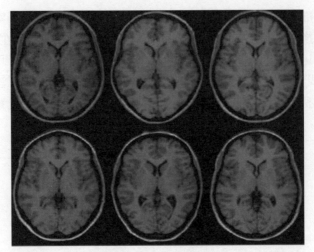

图2-5 线性配准结果

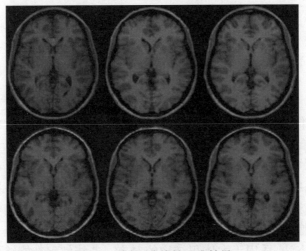

图2-6 线性+非线性配准结果

非线性配准具有较高的灵活性和精度,能够更好地纠正线性配准无法解决的局部形态差异。通过最小化平方误差函数,非线性配准能够优化配准结果,使大脑结构尽可能匹配标准模板,提高统计分析的准确性和可靠性。需要注意的是,非线性配准可能会引入一些平滑度量,以防止过度拟合和噪声干扰。这样可以确保配准结果的平滑性,并避免过度调整图像导致不真实的变形。通过非线性配准,脑形状和组织结构在解剖位置上变得更加一致,为后续的分析和比较提供了可靠的基础。

在图2-7所示的空间配准的过程中,尽管经过线性和非线性配准后的大脑图像外观看起来都是相似的,但实际上还有一个关键的方面需要考虑,那就是记录每个脑区相对密度值的信息。这些密度值可以被转换成密度或体积的数值,为后续的定量分析提供重要数据支持。

将每个脑区的密度信息纳入配准后的大脑图像中,可以更准确地比较个体之间的大脑结构差异。这种定量的密度信息可以用于评估特定脑区的组织特征,探索疾病或变化对脑结构的影响,以及监测治疗效果等。这种数据可用性为神经影像学的研究提供了更深入和全面的分析手段。通过空间配准和记录密度值,能够实现对大脑结构的精确定位和定量分析,揭示出潜在的差异和模式,为神经科学和临床神经影像学领域的研究提供了更为细致和全面的视角。这种方法的应用使得对脑结构的研究更加准确、可信,为理解大脑功能和结构的复杂性提供了强有力的工具和支持。

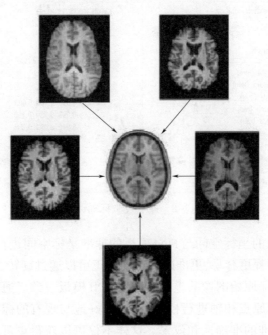

图2-7 空间标准化示意图

2.2.2 原点校正

使用MNI152模板进行配准,需要注意模板与解剖结构的对应关系。在MNI模板中,标准坐标空间的原点是位于AC附近,而AC和PC之间的连接线靠近Y轴方向,如图2-8所示。因此,在进行图像采集或配准之前,通过手动校正坐标空间的原点,可以尽可能靠近与MNI模板对应的标准坐标原点和轴。这样做可以提高配准的精度和速度。

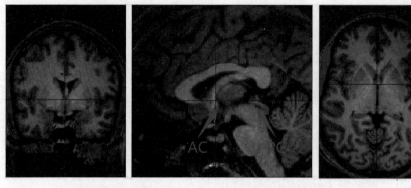

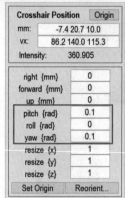

图2-8　原点及坐标轴调整

将原始图像的坐标空间与MNI模板的标准坐标空间进行校正和对齐,使得后续的配准过程更容易、更准确。这种校正可以通过旋转、平移和缩放等操作来实现,以确保原始图像的坐标空间与MNI模板一致。通过将原始图像与MNI模板的坐标原点和轴进行校正,可以更好地与现有的标准模板进行比较和匹配,提高配准的准确性和效率。这样不仅可以获得更可靠的解剖结构对齐结果,还能更准确地进行后续的定量分析和区域解剖研究。

因此,在图像采集和配准前,正确校正原始图像的坐标空间原点和轴,使其尽可能靠近MNI模板对应的标准原点和轴,能够提高配准的精度和速度。这种操作不仅有助于配准结果的准确性,还能为后续的神经影像分析提供更可靠的基础。

在进行坐标空间的调整时有需要考虑俯仰、偏航和滚转如图2-9所示，调整这些方向可帮助矫正图像的位置和姿态，以实现更准确的配准结果。

俯仰是用于调整头部低头、仰头或点头的动作。通过调整俯仰角，可以改变图像在垂直方向上的倾斜程度，使其与指定的坐标系对齐。

偏航是用于调整头部左右转动或摇头的动作。通过调整偏航角可以使图像以适应水平方向上的旋转，确保大脑结构在水平面上的对齐。

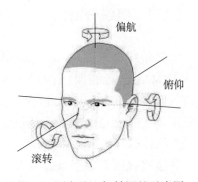

图2-9　原点及坐标轴调整示意图

滚转是用于调整头部左右倾斜的动作。通过调整滚转角可以实现图像在左右倾斜方向上的微调，确保图像在水平平面上的正确位置。

正确调整这三个角度可以更好地校正图像的姿势和方向，有助于配准过程中的精准对齐。结合记忆这些方向对应的动作和意义，可以更清楚地理解和应用这些调整角度，从而提高配准的准确性和效率。这种基础的技术细节在神经影像学中具有重要的作用，为后续的分析和研究提供可靠的数据基础。

非线性配准优化过程中的过拟合也可能导致配准结果不理想。在追求尽可能小的误差时可能会过度调整变形场，导致某些组织结构被抹去。为了解决这个问题，可以在非线性配准的优化过程中引入正则项或惩罚项，这些附加项通过限制变形场的复杂性和变动范围对过拟合进行抑制。

通过引入正则项或惩罚项，可以在平衡小误差和保留组织结构之间找到一个权衡点。这些附加项对变形场进行约束，使其更加平滑，避免显著的非生物学变形，在保持重要信息的同时降低过拟合的风险。正则项或惩罚项的具体形式可以根据具体情况而定，常见的方法有基于梯度的正则化、高斯平滑、总变差等。这些方法旨在限制变形场的多样性，以获得更稳定和可靠的配准结果。通过引入正则项或惩罚项来减少过拟合，可以提高非线性配准的质量和准确性。这种方法能够更好地平衡优化过程中的误差和保留组织结构的需要，避免出现显著的过度拟合问题。

通过引入正则项或惩罚项，可以在非线性配准中控制过拟合的风险，同时实现更精确、更稳定的配准结果。这一策略为神经影像配准提供了一种有效的方式，以减少错误和不良影响，并提高配准的可靠性和稳健性。

2.2.3 组织分割

先验组织概率图(tissue probability map，TPM)是标准的参考图谱,它基于大量MNI空间的图像统计得到。TPM通常包含了灰质、白质、脑脊液(cerebrospinal fluid，CSF)和背景等组织的概率分布信息。如图2-10所示,图谱展示了在特定空间位置上不同组织出现的可能性。亮度越高表示,该组织在该空间位置出现的概率越大。先验组织概率图在脑图像分割中起到重要作用。通过将该模板映射或逆变换到原始空间或自定义的公共空间,可以为图像分割提供重要的参考。通过与原始图像进行配准或变换,可以利用TPM中的组织概率信息,为每个图像像素分配对应的组织标签(如灰质、白质和脑脊液等),从而实现自动化的图像分割。

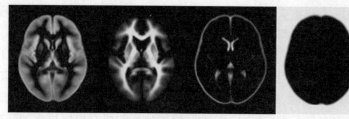

图2-10 脑组织概率图

先验组织概率图基于统计分析得到,因此具有较高的可靠性和代表性。它能够提供不同组织在特定位置上出现的可能性,为图像分割过程提供先验知识和准确的参考。通过使用TPM,在脑图像分割和分析中可以更加准确、稳定地识别和分离不同的脑组织。先验组织概率图是一种基于统计分析的标准参考图谱,能够提供组织在特定空间位置出现的概率分布信息。通过将该模板映射到原始图像空间或自定义的公共空间,可以为图像分割和分析提供重要的先验知识,并实现对不同组织的自动化分割。

图像分割完成后会得到如图2-11所示的结果。为了方便后续的处理和分析,一般将灰质和白质的分割结果分别输出到两幅图像中。通过将灰质和白质在图像空间中明确定义和区分,可以更容易地进一步地分析和处理。这种分开输出的结果能够帮助人们更清晰地观察和比较不同类型脑组织的分布和形态特征。这有助于人们深入探究脑结构与功能之间的关系,以及识别可能存在的变化。将灰质和白质分割结果分开输出也为后续处理提供了更大的灵活性。在接下来的处理步骤中,可以分别对灰质和白质区域进行针对性地分析、量化或可视化，更深入地了解大脑的组织结构和特征。

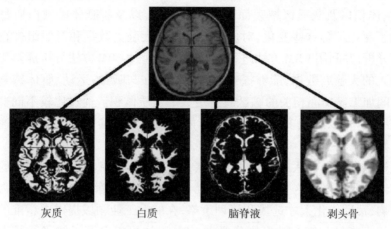

图2-11　组织分割

将分割结果分成两个单独的图像，还可以更好地为不同类型的算法或模型提供输入，从而各自特定地进一步处理。这种分割输出的方法可以方便地应用于脑区域分析、功能连接性研究、脑疾病诊断等领域。分割结果的灰质和白质分开输出，为深入研究和综合分析大脑结构和功能提供了重要的基础。这种分开输出的策略有助于提高数据处理的有效性和准确性，为神经影像学领域的研究和临床应用提供有力支持。

完成脑组织的分割之后，接下来进行统计分析，找出实验组和对照组在不同脑区具有显著差异的地方。通过对灰质和白质等脑组织进行分割，可以得到被试者大脑结构的详细信息。利用这些数据可以比较实验组和对照组之间各脑区的形态和体积等特征，以探究不同群体之间的潜在差异。

在统计分析中常使用t检验、方差分析、线性回归等，检测在不同脑区是否存在显著差异。通过分析脑结构的数据可以确定哪些脑区在实验组和对照组之间呈现出显著的形态或体积变化，进而研究这些变化与特定疾病、行为或其他因素之间的关联。发现实验组和对照组之间具有显著差异的脑区，有助于深入理解不同群体之间的生物学差异和机制。这种分析结果为揭示特定疾病或条件的潜在生物标志物提供线索，并为个体化医学和脑健康研究提供重要参考。

将神经影像技术与统计分析方法相结合，可以深入探究大脑结构和功能之间的关系，为认知神经科学、神经影像学和疾病诊断提供重要的支持和启示。统计分析结果有助于揭示群体之间的脑结构差异，为深入理解大脑在健康和疾病状态下的变化提供关键线索。

长时间和高强度的飞行训练会对大脑结构产生影响,包括特定脑区的灰质密度、体积以及灰质区域表面可变性的改变,以及胼胝体区域白质量的改变。为了深入了解这些变化,对成熟飞行员的大脑T_1数据和对照组进行了灰质特征分析,并利用VBM方法进行比较分析。通过VBM方法分析成熟飞行员与普通人的大脑T_1数据,能够探索成熟飞行员在与听觉、运动、躯体感觉以及视觉空间加工等功能相关的脑区具有更大的灰质体积。通过比较不同群体之间大脑结构,可以发现多年飞行经历可能在飞行员大脑中塑造出与普通人有显著差异的区域。

通过识别飞行员大脑中具有显著差异的脑区,可以为评估飞行员的飞行潜质提供重要依据。这些研究结果有助于揭示特定训练和工作环境对大脑结构的影响,帮助优化人才选拔和培训策略,在航空工业领域提供更精准的人才选拔和培训指导。结合神经影像学和VBM方法可以全面了解飞行员大脑结构上的差异,为飞行员培训和评估提供科学依据,促进飞行员的个性化培训和职业发展。这样的研究进一步推动了认知神经科学和航空医学领域的发展,为飞行员健康、安全和职业发展提供重要参考。

2.3 成熟飞行员脑区间连接特征

轴突的直径和髓鞘在生命的开始两年里经历连续的生长,在晚青春期之前甚至老年之前还未完全成熟,这一事实使得对长期从事飞行职业的飞行员大脑可塑性的研究成为可能。VBM方法对白质差异检测不够敏感,而基于弥散谱成像(DSI)技术的分析方法提供了研究白质完整性和轴突连接的方法。通过由DSI数据计算所得白质弥散参数的对比,分析成熟飞行员平均各向异性分数(fractional anisotropy,FA)的大小(有文献报道训练时间长短与某些脑区的平均FA值呈显著的正相关)。基于DTI数据计算白质体积及纤维束追踪所得流线数目的研究来发现飞行员的某些脑区(如右侧小脑和胼胝体)是否具有更大的白质体积及更多的流线数。

弥散张量成像(diffusion tensor imaging,DTI)是弥散加权成像(diffusion weighted imaging,DWI)的发展和深化。DTI是MRI中的一个特殊序列,假设每个体素内只有一个高斯扩散小室,信号衰减符合单指数衰减模式,由于算法的不足和空间分辨率不足,部分容积效应突出,单个纤维内有多种纤维或纤维交叉的可能性,无法精确追踪出白质内的交叉纤维。

如果磁共振成像是追踪水分子中的氢原子,那么弥散张量成像便是依据水分子移动方向制图。在磁共振成像中,组织的对比度不仅与每个像素内组织的T_1、T_2弛豫时间和质子密度有关,还与受检组织每个像素内水分子的弥散有关。弥散谱成像(diffusion spectrum imaging,DSI)是核磁成像的序列图像之一,它利用概率密度函数描述弥散运动完整的空间分布,以高精度角分辨率辨别出局部复杂交错的纤维走行方向,得到真正意义上的六维弥散影像的磁共振成像方法。其可以有效地弥补弥散张量算法的不足,精确显示复杂交错走行的纤维和精确的人脑三维脑白质结构,揭示出生物组织的微观结构。

弥散谱成像作为一种特殊的弥散成像,是由Wedeen等于2000年提出的通过不依赖先验模型来获取纤维走行方向信息的方法,该方法利用概率密度函数(probability density function,PDF)描述扩散运动完整的空间分布,以高精度分辨率辨别出局部复杂交错的纤维走行方向,得到了真正意义上的六维弥散影像。

2.3.1 磁共振扩散成像的指标计算和纤维跟踪

磁共振扩散成像(magnetic resonance diffusion imaging,MRDI)的物理基础是生物组织中水分子的随机扩散运动,其目的是通过研究水分子的扩散运动获得局部组织微观环境的几何特征,再将这些特征信息提取重建,最终以可视化的形式来展示微观结构。

以扩散张量成像为例,由于生物组织内扩散屏障(如白质中的髓磷脂纤维和神经元纤维)的存在,水分子的扩散具有各向异性,可通过探知体素(voxel)内扩散张量的主方向来获取局部结构的空间走向,如图2-12所示。在扫描中沿着不同的方向施加扩散敏感梯度后,根据stejskal-Tanner公式,假设水分子的扩散符合三维高斯分布,通过推导得到回波信号强度为

$$S(\boldsymbol{g}_i, b) = S_0 \exp(-b\boldsymbol{g}_i^{\mathrm{T}} \boldsymbol{D} \boldsymbol{g}_i) \tag{2-1}$$

式中:D是3×3的对称矩阵,正定矩阵D就是张量矩阵,即

$$E(\boldsymbol{g}_i) = \frac{S(\boldsymbol{g}_i, b)}{S_0} = \exp(-b\boldsymbol{g}_i^{\mathrm{T}} \boldsymbol{D} \boldsymbol{g}_i) \tag{2-2}$$

$$\boldsymbol{D} = \begin{pmatrix} D_{xx} & D_{xy} & D_{xz} \\ D_{xy} & D_{yy} & D_{yz} \\ D_{xz} & D_{yz} & D_{zz} \end{pmatrix} \tag{2-3}$$

式中：$D = \lambda_1 \boldsymbol{v}_1 \boldsymbol{v}_1^T + \lambda_2 \boldsymbol{v}_2 \boldsymbol{v}_2^T + \lambda_3 \boldsymbol{v}_3 \boldsymbol{v}_3^T$，特征值 $\lambda_1 \geq \lambda_2 \geq \lambda_3$，特征向量 $\boldsymbol{v}_i \perp \boldsymbol{v}_j (i \neq j)$ 最大的特征值方向确定纤维主方向。

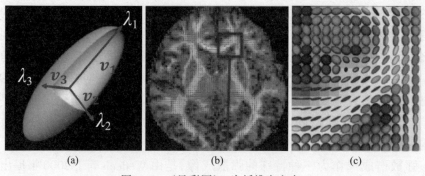

图 2-12 （见彩图）λ_1 为纤维主方向

2.3.2 扩散张量的相关标量指标

扩散张量是描述水分子在组织中传播和弥散的物理性质的一种测量。除了可视化扩散过程，还可以从扩散张量中提取一些标量指标，以定量描述组织的微观结构和扩散特性。扩散张量的相关标量指标之间的关系如图 2-13 所示。

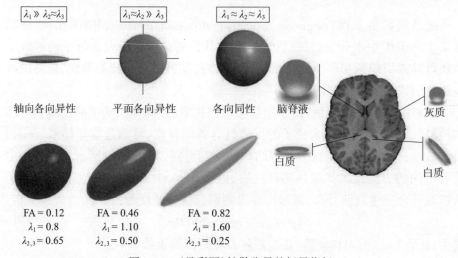

图 2-13 （见彩图）扩散张量的标量指标

扩散系数用于衡量水分子在各个空间方向上扩散的自由程度。常见的扩散系数包括平均扩散系数（mean diffusivity，MD）以及其各向异性的度量法，如并行扩散系数和垂直扩散系数。

1. 平均扩散系数

平均扩散系数定义如下：

$$MD = \frac{\lambda_1 + \lambda_2 + \lambda_3}{3} \tag{2-4}$$

2. 各向异性分数

各向异性分数用于衡量水分子扩散在不同方向上的各向异性程度。FA值范围从 0~1，值越大表示扩散在某个方向上的各向异性越明显。各向异性分数（fractional anisotropy, FA）定义如下：

$$FA = \sqrt{\frac{3}{2}} \frac{\sqrt{(\lambda_1 - \langle\lambda\rangle)^2 + (\lambda_2 - \langle\lambda\rangle)^2 + (\lambda_3 - \langle\lambda\rangle)^2}}{\sqrt{\lambda_1^2 + \lambda_2^2 + \lambda_3^2}} \tag{2-5}$$

3. 轴向扩散系数

轴向扩散（axial diffusion, AD）系数是扩散张量分析中的一个标量指标，用于描述水分子在主要扩散方向上的弥散情况。在扩散张量的特征值中，轴向扩散系数与最大特征值相关，反映了水分子在沿着较长的轴向（最大特征向量对应的方向）上的扩散性质。轴向扩散系数通常用于衡量组织或纤维束内部的轴向扩散程度，例如神经纤维束。较高的轴向扩散系数表示水分子在这些纤维束中更加自由地沿着主轴方向进行扩散，反映出纤维束的完整性和连通性。

轴向扩散系数在神经科学研究和临床诊断中具有重要意义，它可以用于探索神经纤维束的形态特征，评估纤维束的连接性和完整性，并揭示与神经退行性疾病、白质损伤等相关的变化。轴向扩散系数是用于描述水分子在主要扩散方向上的扩散性质的一个标量指标，它提供了关于组织内部纤维或束的连接性和形态特征的定量信息，对于神经影像学研究和临床诊断具有重要的意义。

轴向扩散系数定义如下：

$$AD = \lambda_1 \tag{2-6}$$

4. 横向扩散系数

横向扩散（radial diffusivity, RD）系数是扩散张量分析中的一个标量指标，用于描述水分子在垂直于主轴方向的横向上的扩散情况。在扩散张量的特征值中，横向扩散系数与次大和最小特征值相关，反映了水分子在垂直于主轴方向上的扩散性质。轴向扩散系数常用于衡量组织内部及纤维束横向扩散的程度。较高的轴向扩散系数表示水分子在横向上更自由地进行扩散，反映出纤维束的纤维被破坏程度或损伤。帮助研究人员和临床医生评估神经退行性疾病、白质损伤以及其他与纤维束完整性相关的疾病。

横向扩散系数定义如下：

$$RD = \frac{\lambda_2 + \lambda_3}{2} \tag{2-7}$$

横向扩散系数是用于描述水分子在垂直于主轴方向横向上的扩散性质的一个标量指标，它提供了关于组织或纤维束横向扩散的信息，对于神经影像学研究和临床诊断具有重要意义。这些标量指标有助于定量地评估组织中的微观结构和扩散特性，为神经影像学研究、临床诊断以及理解神经退行性疾病等提供重要的信息。每个指标都提供了不同的视角和测量维度，可以进一步分析组织内部的微观结构、功能连接性以及疾病相关的变化。

各指标的图像如图2-14所示。

 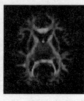 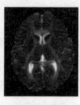 

(a) 平均扩散系数　(b) 各向异性分数　(c) 轴向扩散系数　(d) 横向扩散系数

图2-14　各个标量指标图像

2.3.3　脑白质纤维跟踪技术

1. 确定性纤维跟踪

确定性纤维跟踪是一种神经纤维追踪的方法，根据事先定义的规则将每个体素中的纤维段连接起来，形成连接不同脑区的通路，如图2-15所示。确定性纤维跟踪依赖扩散张量成像数据和以扩散张量为基础的纤维追踪算法。首先从扩散张量中提取纤维方向信息获得每个体素中的主要纤维方向，然后根据规定的阈值和约束条件将具有连续纤维方向的相邻体素连接起来。

在进行确定性纤维跟踪时，通常会定义起点或感兴趣区域，并设置停止条件，以避免过度追踪或产生无意义的连接。此外，还可以使用区域间的解剖知识或脑图谱来引导跟踪路径，更准确地重建脑内的神经纤维束。确定性纤维跟踪的结果可以用于可视化和分析脑内的结构连接，如白质纤维束的路径和空间分布。它提供了一个工具，用于研究大脑的结构连接和功能网络，并探索不同脑区之间的信息传递和通路。

确定性纤维跟踪是一种简化的纤维追踪方法，它基于扩散数据的限制和假设。由于扩散张量成像数据的限制性质，确定性纤维跟踪可能无法准确地处理复杂的纤维束交叉、分叉或回路等情况。在进行结果解释和分析时需要考虑这些限制和潜在的偏差。确定性纤维跟踪是一种基于扩散张量成像数据的纤维追踪方法,可用于重建脑区之间的连接通路。它提供了对脑结构连接的可视化和分析工具,并为深入探索大脑网络结构和功能提供了有用的信息。

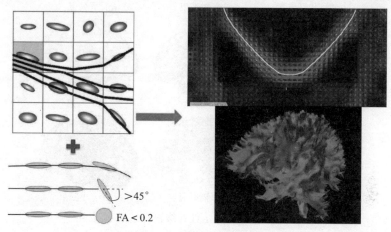

图2-15 (见彩图)纤维提取原理

确定性纤维跟踪根据扩散张量成像数据重建大脑中的神经纤维束。这一方法通过遵循预定义的规则和准则,在整个大脑或特定脑区内跟踪神经纤维,从而揭示脑区之间的连接路径。

在进行确定性纤维跟踪时,首先需要利用扩散张量成像数据计算出每个体素内水分子扩散的主要方向,随后根据设定的连接规则和限制条件,沿着连续的主方向将相邻的体素连接起来,重构出神经纤维束的轨迹。通过这样的追踪过程可以获取关于神经纤维在大脑内传播和连接方式的信息。确定性纤维跟踪的结果通常呈现一系列连接不同脑区的神经纤维束的路径。这些路径提供了关于大脑结构连接和神经网络布局的视觉表示,有助于深入理解大脑内部的神经通路和连接模式。通过分析这些路径,可以探索脑内结构的功能分区、神经回路以及脑网络的整体组织。

虽然确定性纤维跟踪方法能够提供有用的信息,但是也存在一些局限性,比如对于交叉纤维束和复杂结构的处理挑战较大。因此,在研究和临床应用中通常结合其他高级神经影像学技术和验证手段,确保纤维跟踪的准确性和可靠性。确定性纤维跟踪是一种重要的神经影像学方法,它可以帮助人们探索大脑结构连接和神经网络布局,为理解大脑功能和疾病机制提供重要线索。图2-16展示了确定性纤维跟踪的实例,展示了其在揭示大脑神经通路方面的潜力。

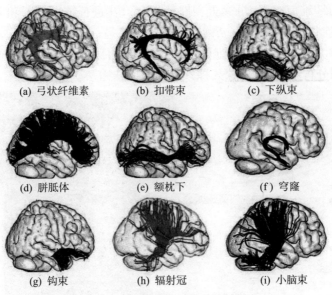

图 2-16 确定性纤维跟踪结果

2. 概率性纤维跟踪技术

概率性纤维跟踪技术用于解析神经纤维结构。与确定性纤维跟踪不同,概率性纤维跟踪方法假设每个体素内的纤维方向不是唯一确定的,而是服从特定的概率密度分布。因此,从一个种子点出发,在每一步中根据当前体素中纤维走向的概率分布进行多次随机采样,从而得到多条可能的路径,最终计算出相应的连接概率。这种方法能够更好地反映纤维在各个体素内的分布情况。图 2-17 展示了概率性纤维跟踪原理。

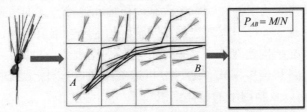

图 2-17 概率性纤维跟踪原理

在概率性纤维跟踪中,通过不断进行随机采样并结合概率密度分布可以生成多条纤维路径。对于每个体素中的纤维走向,通过模拟多个路径和采样,最终得到纤维连接及对应的连接概率。这种方法可以揭示出大脑内复杂结构的纤维束分布,提供更全面的信息。概率性纤维跟踪技术的一个重要参数是由穿越某一区域的所有纤维中,符合认可门槛条件的数量 M 和从种子点发出的全部纤维数量 N 来决定。这种方法可以更准确地描述纤维束被穿过的概率以及连接之间的不确定性。通过这种方式可以更全面地了解神经纤维的分布和连接性。

概率性纤维跟踪技术相较于确定性方法更复杂,在计算上也更耗时。然而,它能够提供更丰富的关于大脑内部结构连接的信息,有助于人们深入理解神经网络的复杂性和多样性。概率性纤维跟踪技术通过考虑纤维方向的概率分布,可以得到更全面、更真实的纤维束路径信息。

该方法假设每一体素的纤维方向并不唯一确定,而是满足一定的概率密度分布,因此从一个种子点出发,每走一步都是按当前体素的纤维走向的概率分布进行多次采样,最终得到许多可能的路径,从而得到相应的连接概率。注: M 为通过 B 的纤维数目;N 为从 A 发出的所有纤维数目。

不同于确定性纤维跟踪,概率性纤维跟踪方法假设每个体素内的纤维方向不是唯一确定的,而是符合特定的概率密度分布。因此,在进行概率性纤维跟踪时,从种子点开始,通过多次采样每一步的纤维走向,并根据概率分布,生成多条可能的路径,最终计算出相应的连接概率。

在概率性纤维跟踪中,通过考虑纤维方向的不确定性和分布情况,可以生成多条纤维路径,并为每条路径计算连接概率。这种方法能够更准确地描述不同体素内的纤维分布及连接关系,有助于揭示大脑中微观结构的复杂性。概率性纤维跟踪的结果展示为多条具有不同连接概率的纤维束路径。概率性纤维跟踪技术通过考虑纤维方向的概率性分布,为人们提供了更细致、真实的神经纤维连接路径和概率信息。图 2-18 展示了概率性纤维跟踪的结果示例,凸显了其在研究大脑结构连接方面的重要性和应用潜力。

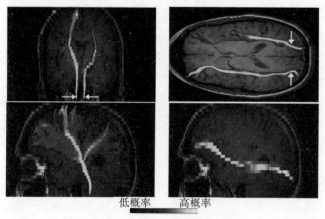

低概率　　高概率

图 2-18　(见彩图)概率性跟踪结果

3. 确定性和概率性纤维跟踪简单比较

图2-19显示了对同一组数据进行确定性和概率性纤维跟踪的比较。基于DTI的确定性纤维跟踪对数据要求相对较低,计算高效,显示直观,但容易受噪声影响,无法很好地解决纤维交叉等问题。相比之下,概率性纤维跟踪对噪声更为鲁棒,能在一定程度上解决纤维交叉问题,但对数据的梯度方向等参数有一定要求,而且计算耗时。

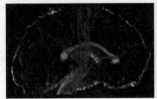

(a) 确定性跟踪　　(b) 概率性跟踪

图2-19　(见彩图)确定性和概率性纤维跟踪图

尽管DTI成功揭示和描述了白质纤维的路径和神经细胞之间的连接,但基于模型假设的扩散张量算法存在一些明显的不足。DTI假设每个体素内只有一个高斯扩散小室,信号衰减遵循"单指数"衰减模式。然而,由于MRI空间分辨率的限制,体素内可能存在纤维束交叉、弯曲或缠绕等情况,甚至包含不同类型的组织(如灰质和白质)。在这些情况下,部分容积效应非常显著。因此,在单个体素内存在多种成分和走行方向时,各自的扩散方向和大小也会不同,导致信号不再遵循"单指数"衰减规律,传统的评价公式对这类体素的评估不再适用。

Wedeen等引入概率密度函数来描述体素内水分子的扩散行为,有效弥补了扩散张量算法的不足。扩散谱成像弥补了扩散张量成像的缺点,为准确且合理地辨别局部复杂交错的纤维走向提供了解决方案。然而,扩散谱成像对高场强设备的依赖和相对较长的扫描时间在一定程度上限制了其应用推广。随着成像技术的持续改进和高场强设备的普及,可以预见磁共振扩散成像领域将迎来DSI技术更加广泛的应用。DSI具有更高的空间分辨能力,基于DSI的纤维跟踪技术已成为中等尺度结构解析的重要工具,架起了微观尺度和宏观尺度之间的桥梁,为进一步探索和整合细胞水平以及亚细胞水平的多尺度分析研究提供了可能。

2.3.4　弥散谱成像纤维跟踪

弥散谱成像也称为Q-Space Imaging,有效地弥补了扩散张量算法的不足。通过在经典的SE序列中施加扩散敏感梯度后增加空间采样的维度,在频率空间(k-space)记录MR信号的频率空间信息,同时在扩散空间(q-space)记录弥散梯度的信息,然后利用可视化技术提取扩散特征,可精确显示复杂交叉走行的纤维和精细的人脑三维脑白质结构,揭示出生物组织的微观结构。

弥散谱成像与弥散张量成像类似,通过规定的算法,在空间上确认体素内扩散运动的定向向量并将相邻体素间转向角度相似的定向向量按照规则拼接起来就可以实现纤维跟踪技术。Wedeen等提出的基于弥散谱成像的跟踪技术可以简述为:①建立描述扩散运动平均过程的扩散概率密度函数$p(r)$;②通过$p(r)$计算出每个体素的定向密度函数(orientation density function,ODF)$w(u)$;③在每个体素内,将$w(u)$取得的局部最大值定义为最大扩散方向,在多面体采样中,需要计算多个邻近向量的$w(u)$值,单个体素内取得的局部最大值可能不止一个;④路径估计,路径起始于每个体素,每个局部最大扩散向量都以小于1/2体素的步长向两侧延伸,当进入一个新的体素,将多次拼接中产生最小曲率的入径确认为ODF的最大方向,路径将沿着该方向进一步延伸,不断重复这个过程直到事先规定的终点为止。

人脑的水分子在灰质和脑脊液部分表现为各向同性,在白质部分表现为各向异性,即在白质部分中水分子是沿着纤维的方向分布的,弥散谱成像就是利用水分子在白质处的各向异性实现神经纤维的跟踪。实现DSI纤维跟踪的软件有DTK、Trackvis和DSI Studio等。

DTI和DSI是MRI中的特殊序列,DTI用于计算白质体积和纤维束跟踪,而DSI则可以精确显示复杂交叉走行的纤维和精确的人脑三维脑白质结构。轴突的生长和白质连接在生命早期经历连续的变化,这为研究长期从事飞行职业的飞行员大脑可塑性提供了可能。

第3章
飞行员灰质脑区结构特征

长时间、高强度的针对飞行的训练会导致飞行员大脑特定区域的灰质密度、体积和/或灰质区域表面发生变化，以及胼胝体区域白质量的改变。

为找出成熟飞行员的脑特征，本研究使用Matlab2013和SPM8软件，采用VBM方法对40岁以上具有多年飞行经验的296名飞行员的头部核磁图像结构像进行分析。在参数设置方面，使用了Tissue Probability Map：TPM.Nii 和 Dartel Template：MNI152。具体方法是对 T_1 序列图像进行去除头骨、校正和标准化，然后使用aal模板进行提值，得出各个脑区的灰质密度值。

3.1 MRI数据处理

基于体素的VBM是分析大脑解剖学（结构）差异常用方法之一。其通过给大脑逐体素打标签分类的方式来进行组织分割，比传统的基于ROI先验假设的分析方式得到的结果更具有稳定性和可重复性。

VBM分析基于高分辨率MRI脑部扫描图像，一般用 T_1 加权图像，预处理步骤主要包括：①空间归一化，分割和比较的前提；②偏置场校正，降低相同组织的亮度值差异，有利于组织分割；③分割（segmentation）；④调制，把空间归一化过程中产生的变形场作用到分割结果上，使其中保留原来个体的组织体积；⑤平滑去噪，弥补分割缺陷，便于统计分析。

1. 配准

每个人的大脑大小和形状都不同，而不同扫描的大脑位置也不一样，因此在进行多样本统计分析寻找局部解剖结构变化显著性时，需要让所有被试的大脑对齐到公共模板上，以校正大脑整体形状和解剖位置的差异。这样可以让不同的被试和扫描具有可比性或一致性,从而得到有意义的组水平统计分析结果。

公共模板的作用是为不同的研究者提供一个共同的坐标空间,以便于比较和分析不同的数据。对于特殊的研究对象,如幼儿,需要制作专门的公共模板。常用的标准模板有MNI空间。空间标准化是一个配准的过程,包括线性配准和非线性配准。线性配准是对整个图像进行操作,无法匹配局部的位置和大小。非线性配准通过扭曲和变形操作,使被试图像的脑沟和其他结构尽量对到模板上,达到相似的解剖位置和形状。空间配准还可以记录每个脑区的相对密度值。在使用MNI模板时,坐标原点和轴应该尽量靠近标准。如果配准结果不好,可能是坐标原点离AC太远或Y轴偏离AC-PC线。此时可以使用SPM的Display工具重新定义原始空间的坐标原点。另外,过拟合也可能导致配准结果不佳,可以通过加正则项或惩罚项来减少过拟合。

2. 先验图谱

TPM是一种标准的先验图谱,它是通过对众多MNI空间的图像进行统计得到的。该图谱包含灰质、白质、脑脊液和背景组织的概率图,图像越亮,表示该组织在该空间位置出现的可能性越大,即先验概率越大。如果需要在原始空间或自定义的公共空间进行分割,可以将该模板逆变换到对应空间。一般来说,分割后的结果只输出灰质和白质的分割结果到两幅图像中,以便进行后续的处理。

3.1.1 VBM步骤

基于体素的形态学分析(voxel-based morphometry,VBM)的处理步骤(图3-1):首先对飞行员的颅核磁数据的T_1序列图像进行处理,检查是否有不合格的图像,包括伪迹和分辨率太低的图像,需要删除这些图像,避免对最终结果产生误差;然后将DICOM格式的核磁图像转换成SPM需要的4D NifTi格式,并再次检查图像是否合格。接着将坐标原点放在前联合处进行头动校正和标准化,将每个人的图像标准化到统一的模板上,并记录每个脑区一个相对密度的值,标志着该脑区标准化后压缩和放大的程度;最后进行组织分割,将图像分割成灰质、白质、脑脊液和全脑等组织,以便进行后续的统计分析。

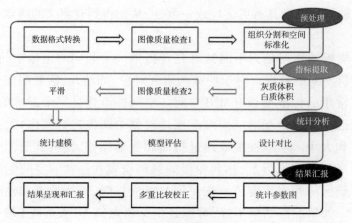

图 3-1　VBM 处理流程

1. 数据格式转换

要将 DICOM 格式的数据转换成 SPM8 所需的 4D NifTi（nii）格式，可以使用 Dcm2nii 软件。在 Dcm2nii 软件中，单击"SPM8 4D NifTi nii"选项，如图 3-2 所示。这个步骤有助于将 DICOM 数据成功地转换为适用于 SPM8 的 NifTi 格式，便于后续的数据处理和分析。在完成这个操作后，就可以方便地在 SPM8 中进行神经影像数据的处理和研究分析。

图 3-2　原始格式转换成 SPM 需要的 Nii 格式

2. 转换生成后的数据格式

转换生成后的数据格式如图 3-3 所示。

原始图（original image）：DICOM 格式的初始数据图像。

方向纠偏图（orientation-corrected image）：对原始图进行了方向纠正，确保图像在空间中的方向正确。

纠偏并去除脖子图(orientation-corrected and neck-removed image):在对原始图进行方向纠正的基础上,还将图像中可能存在的颈部部分去除,以进一步优化图像准确性和质量。

通过对数据进行这些处理步骤,可以更好地准备数据以进行后续的神经影像分析和研究。

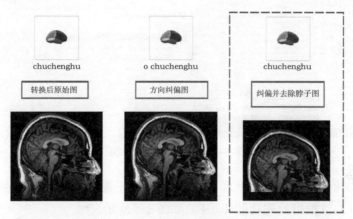

图3-3 原始图转换图、对原始图方向纠偏图和纠偏并去除脖子图

3. Matlab环境下启动VBM8

可以按照以下步骤在Matlab2013中添加和启动SPM8软件:

(1)打开Matlab2013。

(2)在Matlab界面上方的菜单栏中选择"Default"。

(3)选择"Set Path"。

(4)在弹出的对话框中选择"Add with Subfolders"。

(5)浏览并选择SPM8软件所在的文件夹。

(6)单击"SAVE"按钮。

(7)关闭对话框。

(8)重新启动Matlab以使更改生效。

(9)将工作目录设置为转换后的数据所在的文件夹,确保可以轻松访问和处理相关数据。

(10)在Matlab的命令窗口输入"SPM8"并按下回车键,这将启动SPM8软件。

SPM8界面如图3-4所示。

通过以上步骤,成功添加了SPM8软件,并在Matlab中启动SPM8,从而可以开始使用该软件进行神经影像数据的处理和分析。

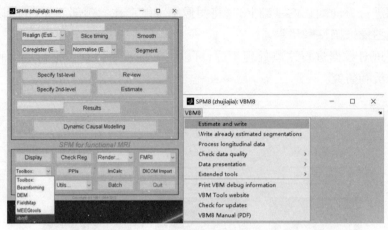

图3-4　启动SPM8和VBM

在SPM8中进行数据批处理,可以按照下面步骤设置具体处理参数:

(1)进入数据批处理功能(batch),如图3-5所示。

(2)在"Volumes"处输入转换格式后的纠偏和去颈部影响的飞行员颅核磁图像;选择"TPM.nii"作为组织分割的参考图;选择"Dartel"配准方法,一个被公认信息损失较少且更准确的配准方法;选择"MNI152.nii"作为MNI空间模板;选择非线性方法作为空间标准化方法。

设置完这些具体的处理参数,可以使用SPM8进行批量处理的神经影像数据,从而实现数据配准、分割和标准化等处理步骤。

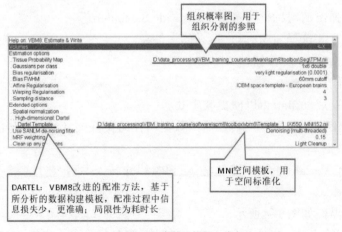

(a) 分割batch参数选择图上半部

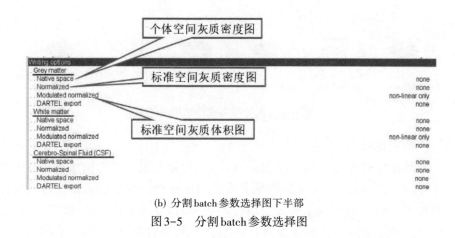

(b) 分割 batch 参数选择图下半部

图 3-5　分割 batch 参数选择图

3.1.2　特征值提取

经过 VBM 处理后,结果文件夹中包含以下 6 个文件(每个文件具有重要的数据信息):

(1)原始图像 HC001。文件包含原始的脑图像数据,经过 VBM 处理前的初始状态。

(2)记录校正信息的文件 HC001_seg8:文件记录了用于对原始图像进行分割和校正的详细信息,包括处理步骤、参数设置等。

(3)标准化后的灰质图像 m0wrp1HC001:这是将原始图像标准化至模板空间后的灰质质量影像,有助于比较不同参与者之间的大脑结构变化。

(4)标准化后的白质图像 m0wrp2HC001:类似于上一文件,此文件包含将原始图像标准化至模板空间后的白质质量影像,可用于研究白质区域的变化。

(5)记录灰质、白质和脑脊液总体积的文件 pHC001_seg8(单位为 cm^3):该文件记录了在分割和标准化过程中所得灰质、白质以及脑脊液的总体积,提供了各种组织成分的量化信息。

(6)经过剥离头骨、校正和空间标准化后的图像 wmrHC001:文件包含通过去除头骨、进行校正,并将图像空间标准化处理后的脑影像,适合用于后续的分析和比较。

这些文件会为进一步的神经影像分析和研究提供重要数据基础,并帮助人们深入了解大脑结构的情况和潜在变化。图 3-6 展示了这些 VBM 处理后的关键文件,以及脑图像处理流程中的结果。

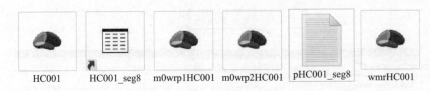

图 3-6　批处理生成的结果文件

1. 数据选择

为提高数据处理的准确性和可靠性,本实验采用了具有前缀为 wmr 的数据,这些数据表示经过去除头骨并进行空间标准化处理后的图像。每个文件名的前缀为 wmr,并附加了相应受试者的名称,以便清晰地识别和跟踪被试者的数据。通过使用经过头骨剥离和标准化处理后的图像,可以更准确地进行大脑结构的定量分析和比较。这些带有 wmr 前缀的数据文件对于研究大脑形态学特征和结构变化提供了重要的基础。图 3-7 展示了具有 wmr 前缀的图像样本,展示了经过头骨去除和空间标准化处理后的影像结果。

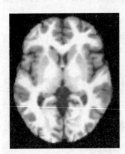

图 3-7　前缀为 wmr 文件

对经过头骨剥离和空间标准化校正后的 T_1 图像,可以提取各个脑区的数值特征。由于空间标准化后每个脑区都对应于标准脑图中特定的空间位置,提取的每个脑区数值是与密度线性相关的值。这些数值反映了个体脑区相对于标准脑图中相应脑区的体积大小,也可以看作该脑区的密度或灰质含量。数值越大,意味着该脑区在个体中发展得越充分,往往与脑功能的使用频率和适应能力有关。

通过提取各个脑区数值特征,可以进行定量分析和比较个体之间脑区发展的差异。通过比较个体或群体之间的数值差异,研究人员可以探索大脑结构与功能之间的关系,并进一步了解各个脑区的特定功能和贡献。这种基于密度或灰质含量的数值特征提取方法为理解个体差异和脑结构发展提供了重要线索。

2. 调整模板体素大小

为了方便提取脑区变化的数值,需要将 MNI152 公共脑模板(图 3-8)与优秀飞行员的脑结构数据进行体素大小的匹配。为实现这一目标,可以使用 Restplus 软件来调整 MNI152 的体素大小。具体的操作步骤如下:

(1)在 Matlab 中加载 SPM12 和 Restplus 软件,确保这两个软件都已正确安装。

（2）在 Matlab 的命令窗口中输入"Restplus"并按回车键，启动 Restplus 软件。

（3）Restplus 会打开一个界面，提供了各种功能选项和操作参数。在这个界面上，可以找到调整体素大小的相关功能和选项。

（4）根据需求选择相应的参数设置，包括输入文件、输出文件路径和体素大小的设置选项。

（5）单击执行操作按钮后，Restplus 将开始调整 MNI152 脑模板的体素大小，以与优秀飞行员脑结构的数据匹配。

通过以上操作，可以使用 Restplus 软件对 MNI152 脑模板进行体素大小的调整，以便与优秀飞行员脑结构数据进行匹配。这将有助于提取和比较脑区变化的数值，进一步探索大脑结构和功能的特点和差异。图 3-8 展示了 MNI152 公共脑模板的向量图，为体素大小调整的操作提供了可视化参考。

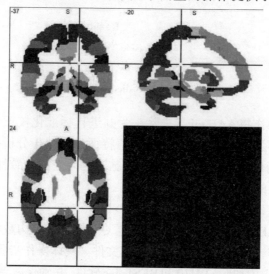

图 3-8 （见彩图）MNI152 脑模板向量图

为了保持 AAL.nii 与剥离头骨并进行标准化校正后的飞行员 T_1 图像相同的体素大小，以便进行下一步处理，可以按照以下步骤操作：

（1）打开工具箱，并在图 3-9 中选择"Utilities"→"Reslice Image"。

（2）单击"Data Directory"栏位右边的三个点，选择 AAL.nii 作为待处理的脑区标签图像。

（3）在"Target Space"中选择"Defined by input image"以确保与输入图像相同的空间。

(4)在"Input Image"中选择前缀为wmr的飞行员数据图像作为参考图像。

(5)在"Output Dir"中选择输出文件夹,用于存储处理后的AAL.nii文件。

(6)单击"Run"启动处理,系统将自动调整AAL.nii与飞行员T_1图像相同的体素大小,以便后续处理和分析。

图3-9 Reslice AAL

通过以上操作将AAL.nii与去除头骨并进行标准化校正后的飞行员T_1图像匹配相同的体素大小,为提取脑区数值特征和进一步分析提供了便利。这种操作有助于确保不同脑区标签与个体脑图之间空间一致性,从而更精确地定位和量化脑区的特征和变化。

3. 提值

可以使用RESTplus软件对每个优秀飞行员的脑结构数据中的各脑区进行提取数值操作,以获得脑区相对密度值文件。具体操作步骤如下:

(1)在Matlab中加载SPM12和RESTplus软件,并确保两者都已正确安装。

(2)在Matlab命令窗口中输入"RESTplus"并按下回车键,打开Restplus软件。

(3)RESTplus界面中提供了各种功能选项和操作参数,找到用于提取脑区数值特征的相关功能和选项。

(4)根据需求选择相应的参数设置,包括输入文件、输出文件路径和脑区提取的设置选项。

(5)单击执行操作按钮后,RESTplus将开始针对每个优秀飞行员的脑结构数据提取各个脑区的数值,并生成相对密度值的文件。

通过以上操作可以使用RESTplus软件对每个优秀飞行员的脑结构数据

进行脑区数值特征的提取,获得相对密度值文件。这将帮助人们定量分析个体之间脑区特征的差异,并深入研究大脑结构与功能之间的关系。RESTplus软件仅是示例,也可以使用其他适合的工具对脑区进行数值特征提取。

参考图3-10,可以按照以下步骤使用Restplus软件对每个优秀飞行员的脑结构数据中的各个脑区进行提取数值操作:

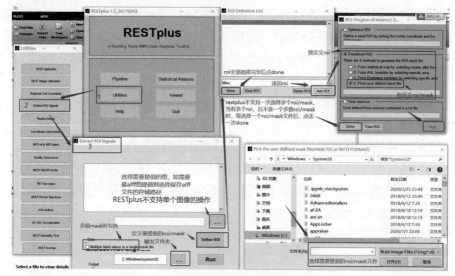

图3-10　RESTplus提值

(1)打开RESTplus软件,并在界面上选择"Utilities" -> "Extract ROI Signals"。

(2)在弹出的对话框中,选择前缀为wmr的飞行员图像文件作为输入数据。

(3)勾选"Multiple label values in a signal mask file"选项,以便对多个脑区同时进行提值。

(4)单击"选择输出文件夹"按钮,选择一个合适的文件夹用于存储提取后的数值文件。

(5)单击"Define ROI"按钮,然后单击"Add ROI",再单击"Predefined ROI"。

(6)单击"From user defined mask file"选项。

(7)在下一个页面中,选择之前操作生成的Reslice后的AAL_Resliced.nii文件。

(8)单击"Done"完成ROI定义。

(9)在页面底部选择飞行员图像提值后的输出文件夹,并单击"Run"按钮操作。

通过以上操作可以使用Restplus软件对每个优秀飞行员的脑结构数据的各个脑区进行提取数值。这将生成包含各个脑区相对密度值的文件,用于进一步分析和研究大脑结构的差异和特点。图3-10为步骤图,可根据实际操作界面进行相应的操作。

在提值后生成的文件中每一行包含了每名飞行员116个脑区与灰质密度线性相关的值。这些数值可以用来计算相应脑区的体积变化,并通过这些值来确认飞行训练对某一脑区的影响程度。为了得到不同地区飞行员各脑区相对密度值的平均值并进行排序,需要将所有飞行员的数据求平均值并进行排序,从而确定受飞行训练影响最大的脑区。

(1)收集每位飞行员对应116个脑区的线性相关数值,并存储在提值后生成的文件中(图3-11)。

(2)将所有飞行员的相应脑区数值数据加载到分析软件中(如Matlab、SPSS等)。

(3)计算所有飞行员脑区的相对密度值的平均值。

(4)将这些平均值进行排序,确定对应脑区受到飞行训练影响的大小顺序。

(5)可以根据排序结果,评估飞行训练对飞行员不同脑区的影响程度,找出受影响最显著的脑区。

图3-11 提值后得到文件内容

通过以上操作可以得出不同脑区在飞行训练中的受影响程度,为进一步研究飞行员大脑结构的变化和训练效果提供重要参考。这种方法可以帮助人们更好地理解飞行训练对飞行员大脑的影响,并为定制更有效的训练方案提供依据。

3.2 飞行员脑区特点的分析结果

根据不同地区飞行员各脑区密度值的平均值可以得到每个地区飞行员的116个脑区密度值。脑区密度值反映了飞行员相对于普通人在该脑区的发达程度。

通过对飞行员的脑区密度值进行排序,可以确定他们的脑区发达程度。这样的排序结果可以展示飞行员各个脑区的优劣,即哪些脑区更发达。这些数据有助于揭示飞行员的脑部结构特点,进一步分析这些数据可以洞察飞行员在认知、感知、运动控制等方面的能力特点。

通过对飞行员的脑区密度值进行排序和分析,可以了解他们的脑区发达程度及其在不同认知功能方面的能力特点。这种研究方法有助于深入理解飞行员的大脑特征,为制定个性化培训方案和招募合适的飞行员提供重要参考。

通过对四个地区的脑区密度值进行平均并与普通人进行比较,可以得出表3-1展示的飞行员各个脑区的发达程度。在表3-1中,发达程度由脑区的密度值减去平均密度值得出。根据用进废退原理,发达程度高的脑区代表着经常被飞行员使用的脑区。图3-12显示了飞行员各个脑区的发达程度,并且将其与普通人脑进行比较。横轴表示116个灰质脑区的编号,纵轴表示飞行员经过长期飞行训练后相对于普通人的脑结构变化。数值大于零表示该脑区的体积增大程度,而数值越大,表示体积增大程度越大。

表3-1 脑区密度大小排序

西部	北部	东部	南部	重要性排名	脑区编号	脑区名称
2	1	1	1	1	76	豆状苍白球R
1	2	2	2	2	75	豆状苍白球L
3	3	3	4	3	74	豆状壳核R
4	4	4	5	4	73	豆状壳核L
6	5	5	3	5	36	后扣带回R
7	7	6	7	6	77	丘脑L
5	6	8	9	7	44	距状裂周围皮层R
13	8	7	6	8	35	后扣带回L
12	10	9	10	9	114	(小脑的)蚓体8
8	9	12	14	10	37	海马L
11	12	11	13	11	47	舌回L
14	15	10	12	12	78	丘脑R
10	11	13	19	13	38	海马R

续表

西部	北部	东部	南部	重要性排名	脑区编号	脑区名称
18	14	15	16	14	55	梭状回L
9	17	16	23	15	115	(小脑的)蚓体9
15	13	17	21	16	48	舌回R
24	18	18	18	17	56	梭状回R
17	23	21	24	18	34	内侧和旁扣带脑回R
16	21	22	27	19	46	楔叶R
19	26	23	22	20	33	内侧和旁扣带脑回L
32	16	14	34	21	53	枕下回L
42	33	20	8	22	21	嗅皮质L
20	22	29	40	23	29	脑岛L
31	38	26	17	24	28	回直肌R
44	25	19	26	25	51	枕中回L
27	32	30	29	26	43	距状裂周围皮层L
36	42	27	15	27	27	回直肌L
22	24	32	43	28	30	脑岛R
26	19	37	39	28	42	杏仁核R
25	37	35	28	30	31	前扣带和旁扣带脑回L
21	36	38	31	31	32	前扣带和旁扣带脑回R
46	43	31	11	32	22	嗅皮质R
23	63	25	20	32	105	小脑9 L
37	20	36	44	34	41	杏仁核L
52	31	33	25	35	54	枕下回R
39	28	44	33	36	40	海马旁回R
28	27	24	66	37	17	中央沟盖L
30	29	40	50	38	99	小脑6 L

续表

西部	北部	东部	南部	重要性排名	脑区编号	脑区名称
35	30	41	49	39	100	小脑6 R
43	34	46	41	40	39	海马旁回L
29	72	34	30	41	106	小脑9 R
40	35	28	78	42	18	中央沟盖R
50	47	50	35	43	50	枕上回R
51	46	45	42	44	49	枕上回L
65	48	39	32	44	113	（小脑的）蚓体7
49	53	51	36	46	45	楔叶L
47	49	43	51	47	71	尾状核L
33	41	47	71	48	80	颞横回R
41	44	56	56	49	98	小脑4,5 R
63	52	48	37	50	6	眶部额上回R
34	40	49	81	51	79	颞横回L
48	54	53	52	52	72	尾状核R
38	56	67	53	53	109	（小脑的）蚓体1,2
54	58	59	47	54	68	楔前叶R
45	51	61	62	55	97	小脑4,5L
55	55	57	58	56	112	（小脑的）蚓体6
67	59	55	46	57	52	枕中回R
58	50	54	67	58	65	角回L
62	57	58	57	59	15	眶部额下回L
57	39	42	101	60	89	颞下回L
73	60	60	48	61	5	眶部额上回L
53	62	75	68	62	111	（小脑的）蚓体5,4
64	71	71	55	63	26	眶内额上回R

续表

西部	北部	东部	南部	重要性排名	脑区编号	脑区名称
66	45	52	100	64	90	颞下回R
69	65	69	61	65	16	眶部额下回R
71	88	66	45	66	103	小脑8 L
68	75	77	54	67	67	楔前叶L
61	70	79	65	68	95	小脑3 L
59	76	82	64	69	96	小脑3 R
74	78	73	59	70	25	眶内额上回L
79	101	72	38	71	104	小脑8 R
78	73	74	72	72	66	角回R
56	84	83	82	73	116	（小脑的）蚓体10
60	77	86	83	74	110	（小脑的）蚓体3
85	81	81	60	75	10	眶部额中回R
72	61	65	112	76	82	颞上回R
76	67	62	109	77	64	缘上回R
70	64	68	113	78	81	颞上回L
77	80	76	84	79	12	岛盖部额下回R
80	66	64	110	80	86	颞中回R
75	69	63	116	81	63	缘上回L
82	74	80	92	82	61	顶下缘角回L
81	68	70	115	83	85	颞中回L
93	79	84	79	84	92	小脑脚1 R
99	85	78	75	85	93	小脑脚2 L
87	82	85	88	86	91	小脑脚1 L
84	97	87	74	86	101	小脑7b L
97	87	92	73	88	9	眶部额中回L

续表

西部	北部	东部	南部	重要性排名	脑区编号	脑区名称
89	93	104	63	88	20	补充运动区 R
86	83	91	89	88	62	顶下缘角回 R
88	89	89	87	91	14	三角部额下回 R
83	86	88	97	92	11	岛盖部额下回 L
94	110	90	70	93	102	小脑7b R
96	91	100	85	94	2	中央前回 R
95	94	93	93	95	13	三角部额下回 L
90	90	99	102	96	58	中央后回 R
106	95	95	86	97	8	额中回 R
92	108	113	69	97	70	中央旁小叶 R
111	98	94	80	99	94	小脑脚2 R
91	92	97	104	100	57	中央后回 L
98	96	101	95	101	1	中央前回 L
103	104	108	76	102	19	补充运动区 L
100	109	96	90	103	23	内侧额上回 L
101	99	106	94	104	59	顶上回 L
102	105	98	96	105	24	内侧额上回 R
108	103	107	91	106	4	背外侧额上回 R
105	112	116	77	107	69	中央旁小叶 L
110	102	102	99	108	88	颞中回 R
112	106	103	98	109	87	颞中回
104	100	105	111	110	83	颞上回
107	107	109	114	111	84	颞上回 R
114	111	110	103	112	7	额中回 L
109	114	111	107	113	108	小脑10 R

续表

西部	北部	东部	南部	重要性排名	脑区编号	脑区名称
113	113	114	106	114	60	顶上回 R
116	115	112	105	115	3	背外侧额上回 L
115	116	115	108	116	107	小脑 10 L

为了得到所有飞行员的116个脑区的相对密度值,需要对每个脑区的密度值进行平均。这些相对密度值的大小反映了在飞行训练中脑区体积相对于普通人的变化程度。对这些相对密度值进行排序,可以确定飞行员经过长期飞行训练后脑区的变化程度排名,从而了解他们的相关飞行品质。需要注意的是,这里使用了所有数值的平均值来近似普通人脑区的相对密度值。

通过这些分析结果可以研究飞行员在不同脑区的发达程度,并推断出与飞行有关的脑区。这种方法可以帮助人们更好地了解飞行员的脑部结构变化,为飞行员的选拔和培训提供重要依据。

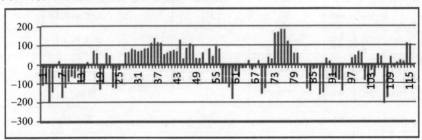

图3-12 (见彩图)与普通人比较飞行员脑区的密度情况

3.3 飞行员认知与行为特征

飞行员的认知能力和行为特征对于飞机操作的安全性和效率至关重要。飞行员认知与行为特征的研究是通过飞行员大脑与普通人大脑相比较、分析得出的优势脑区,是对飞行员关键脑区(如额叶、颞叶和顶叶)功能的探索和分析。人们通过对飞行员关键脑区功能的研究,可以更好地理解飞行员在处理飞行任务,如目标感知、注意力分配、决策制定、情绪调节等方面的表现和能力。

1. 豆状核

1)位置

豆状核是大脑深部灰质核团的一部分,位于大脑半球内侧。豆状核位于侧脑室旁边,沿着大脑半球内侧表面弯曲而成的"C"形结构内。它的头部紧贴着内囊,体部与丘脑和壳核相邻,尾部与壳核和丘脑接壤,构成了大脑深部重要的神经环路。

具体来说,豆状核位于大脑半球内侧,两侧各一。它的头部向前延伸至大脑内囊的最前方,体部位于大脑内囊和内嗅皮层背侧的空隙中,尾部曲折地向下延伸,与壳核和丘脑接壤。

豆状核在大脑的运动控制、学习记忆、情绪等方面都具有重要的作用。人们发现与注意力、视觉和运动有关的区域与豆状核有很密切的联系,而豆状核的损伤或功能异常会导致帕金森病、抽动秽语综合征、强迫症等多种精神和神经疾病。

2)主要功能

豆状核的主要功能是通过神经传递来控制运动和姿势的调节,与其他基底节系统的核团如脑垂体、尾状核以及黑质团等共同参与调节身体的运动、姿势和肌肉张力的平衡。具体而言,豆状核通过与大脑皮层、丘脑等脑部区域相互作用,调节和平衡各种运动及姿势反应。此外,豆状核还参与认知、情绪、决策和控制冲动等功能中的调节。豆状核的功能异常可能引发多种疾病,如帕金森病、舞蹈病、可控性面肌痉挛综合征、严重抑郁等。因此,了解豆状核的主要功能,对医学人员在临床上诊治疾病有重要的意义。

2. 豆状壳核

1)位置

壳核是大脑皮层下的灰质核团,分别位于左、右侧大脑半球内侧,侧脑室两侧。其形状像一颗椭圆形的球,由若干个区域组成,其中包含脑瓣、尾状核和壳核外侧,壳核内侧两部分。

尾状核是大脑内核的一个重要组成部分,位于大脑半球的侧面。它由头部、体部和尾部三部分组成。豆状壳核在运动控制、情感调节、认知功能等方面均发挥重要作用。

具体来说,豆状壳核与运动调节相关的区域包括运动皮层、苍白球和丘脑等。在这些区域之间,神经元实现信息的传递和调节,以协同完成人体的运动调节。同时,豆状壳核还与情感调节、学习和记忆等认知功能相关。

豆状壳核的功能异常与帕金森病、亨廷顿病、强迫症等多种疾病相关。因此,对豆状壳核的研究可以对这些疾病的治疗和预防提供帮助。研究方法包括 MRI、fMRI、PET、DTI 等神经影像学技术,以及细胞学、生化等实验方法。

2)主要功能

豆状壳核具有以下主要功能:

(1)运动调节与控制。豆状壳核参与协调和调控各种复杂的运动,如调节肌肉张力、身体姿势及运动协调等。同时也与多个神经通路相互作用,包括大脑皮层、苍白球、脊髓、小脑等结构,以完成人体运动的调控与控制。

(2)认知。豆状壳核参与了多种认知功能,如工作记忆、学习和注意等。它和大脑皮层的联系,使得信息能够快速地从大脑皮层传递到豆状壳核,然后再反向传递回去,对人类认知进行调节和控制。

(3)情感调节。豆状壳核与情感、情绪调节也有关联。其中头部的豆状壳核参与了控制情绪、行为和情感反应的形成和表达,与焦虑、抑郁等情感障碍的形成有关。

豆状壳核是一个复杂且多功能的脑结构,不仅参与了人体的运动控制,也与认知、情感等表征有着密不可分的联系。

3. 后扣带回

1)位置

后扣带回是大脑皮层的一部分,位于头顶部的顶叶和枕叶交界处。后扣带回负责整合视觉、听觉、触觉等多种感觉信息和空间信息,并参与了注意力分配、计算、短时记忆和控制运动等一系列任务。

一般认为,后扣带回的灰质脑区包括上丘皮质区(superior parietal cortex,SPC)和下丘皮质区(inferior parietal cortex,IPC)。上丘皮质区负责空间注意和空间记忆,下丘皮质区主要负责把注意和视觉信息与语言和概念整合起来,并完成控制运动和行为规划的任务。

后扣带回是智能行为的重要组成部分,与许多日常活动有关系,如日常路线规划、物体抓取、短时记忆、注意力、语言理解等。因此,后扣带回的功能损伤或紊乱会显著影响人的认知和生活水平。近年来,研究人员对后扣带回的结构、功能和基因表达等方面进行了深入研究,以期在人类认知功能及许多遗传疾病的发病机制、病理和治疗等方面取得更深层次的理解。

2)主要功能

后扣带回灰质脑区具有以下主要功能:

(1)空间定向。后扣带回负责人体位置和方向在空间中的感知和定向。

(2)时空记忆。后扣带回对时空信息的处理能力强,能够对环境中的物体、位置和事件等信息进行存储和识别,从而实现时空记忆功能。

(3)隐喻和比喻理解。后扣带回还负责将知觉(感觉、行动、情感)转化为概念,便于理解各种隐喻和比喻等复杂的语言表达。

(4)注意力分配。后扣带回可以分配认知资源到不同的感觉信息,从而帮助人们把注意力集中在目标信息上,略过非任务相关的信息。

(5)运动控制。后扣带回是从空间信息到运动行为的短期记忆的关键部位,负责规划和调节人体运动和行为。

总的来说,后扣带回在实现人类大脑的认知功能方面具有至关重要的作用。

4. 丘脑

1)位置

丘脑是大脑中的一个重要组成部分,位于脑干和大脑半球之间,两侧各一个。丘脑由上丘和下丘两部分组成,上丘主要参与视觉和听觉传入信息的处理,下丘主要参与内分泌、自主神经、情感和行为调节等方面的调控。

丘脑在大脑与脑干之间连接了重要的神经通路,如运动通路(通过丘脑的放射冠纤维)、感觉通路和脑干调节自主神经的通路。它还和其他大脑结构,如杏仁核、海马、带状回和大脑皮层等进行广泛的连通。

丘脑对于大脑的正常功能非常重要,丘脑出现异常,如充血、出血或肿瘤等病理情况,会导致视觉、听觉、情绪、行为和内分泌等方面的障碍。

2)主要功能

丘脑具有以下主要功能:

(1)感觉传递。上丘是感觉信息的中转站,主要接收来自视觉和听觉等感觉器官的信息,对信息进行初步处理,并将其传递给大脑皮层和其他脑区进行进一步加工和分析。

(2)运动调节。上丘通过丘脑—皮质运动通路与大脑皮层连接,对运动反应进行调节。下丘则通过丘脑—脊髓运动系统与脊髓连接,调节肌肉的运动。

(3)内分泌调节。下丘是人体主要内分泌腺垂体的控制中心之一,可以分泌激素来控制垂体的分泌。丘脑还参与内分泌系统调节生殖、代谢、免疫等多方面的功能。

(4)自主神经调节。下丘的神经元通过下丘—丘脑—脊髓路径与脊髓和自主神经节连接,调节人体的内脏活动和自主神经系统的功能。

(5)情感和行为调节。丘脑与海马、杏仁核、皮层等多个脑区互相连通,共同参与情感和认知的过程,调节人的行为和情感反应。

丘脑在感觉、运动、内分泌、自主神经、情感和行为等多方面扮演着重要角色,是大脑的功能中枢之一。

5. 距状裂周围皮层

1)位置

距状裂是大脑中央裂的一个重要分支,位于大脑两侧,贯穿于颞叶和额叶之间。距状裂周围的皮层是颞叶皮质、顶叶皮质和额叶皮质。

距状裂周围的皮层主要包括以下区域:

(1)颞叶皮质:位于距状裂下方,负责听觉、语言和记忆等认知功能。

(2)顶叶皮质:位于距状裂上方,涉及空间感知、身体感觉、运动和注意力等功能。

(3)额叶皮质:位于距状裂前方,参与情绪、思维、决策和规划等高级认知功能。

距状裂周围的这些皮层区域之间相互连接,协同完成大脑的复杂认知功能。同时,距状裂周围的皮层也与其他大脑区域相互连接,形成了广泛的神经网络,支持高级认知和情感行为。

2)主要功能

距状裂周围皮层主要有以下方面:

(1)情感和奖赏处理。距状裂周围皮层是多巴胺神经元的主要发射源之一,与情绪和奖赏处理密切相关。距状裂周围皮层参与了奖赏和惩罚的感知和评估,帮助做出决策,调节情感和行为反应。

(2)认知控制。距状裂周围皮层与前额皮层相连通,一起参与认知控制的调节,如维持注意、灵活转换注意和抑制无关信息等。

(3)社会行为。距状裂周围皮层与通过视觉、听觉等感觉途径传入的社会信息相关联,参与了社会行为的形成、调节和评估。

(4)反应后果预测。距状裂周围皮层能够基于先前的经验预测当前行为的结果和后果,从而调节决策和行为。

(5)记忆和学习。距状裂周围皮层参与了短期记忆和学习的调节,帮助把信息储存到长期记忆中。

距状裂周围皮层在大脑的多个方面发挥着重要的作用,特别是在情感和行为调节、认知控制、社会行为等方面。因此,对于距状裂周围皮层的深入研究有利于更好地了解大脑的功能和机制。

6. 蚓体8

1)位置

小脑的蚓部是小脑内部的一个突起物,位于小脑半球之间,紧贴着四脑瓣和第四脑室之间,是小脑内最中央的部位。蚓部的长度为2~3cm,宽度约为0.5cm。

蚓体是蚓部内部的一条纵向皱褶,连接着左、右两侧的小脑半球。蚓体的大小和形状因个体而异,但总体呈狭长形,类似于一条细长的条带。

在小脑的解剖学中,蚓体8更常用于描述小脑蚓部内的位置,指的是蚓体在整个蚓部中的第8个横截面位置。一般来说,蚓体8位于蚓部的前半部分,略向上倾斜,紧邻着小脑中央核和小脑背外侧区域。

小脑蚓部和蚓体等结构的确切形状、位置和功能等仍需要进一步的研究和探索。

2)主要功能

蚓体8具有以下主要功能:

(1)手、眼协调动作。蚓体8与眼睛的转动和手指的运动有着密切关系,当人们进行手、眼协调动作时,蚓体8扮演了一个重要的角色。

(2)站立和行走。蚓体8对人体的站立和行走也有着显著的影响,可以控制身体的平衡以及肌肉的协调运动,使人不会失去平衡或者跌倒。

(3)时间感知。目前已经发现,蚓体8参与了时间感知,特别是控制时间间隔的发展和维持过程。

(4)情感调节。蚓体8还可以参与情感调节,通过对相关区域的控制,可以平衡人的情绪反应,缓解压力和焦虑。

蚓体8在小脑的控制和调节过程中起到了至关重要的作用,它的功能涉及了人体的多个方面,对于人类的运动协调和其他小脑有关的疾病的研究和治疗具有重要意义。

7. 海马

1)位置

大脑中的海马位于颞叶内侧,枕叶下部。

具体来说,海马位于颞叶内侧,紧邻着大脑深部的边缘,是颞叶内侧结构的一个重要组成部分。海马呈半月形状,由海马头、海马体和海马尾三个部分组成,同时还与邻近区域(如茎突)相互连接。

海马是大脑中一个非常重要的结构,主要与记忆和空间定位等方面的认知相关。研究发现,海马在记忆形成和储存过程中发挥了重要作用,特别是在新事物的短时记忆转化为长时记忆的过程中扮演关键角色。此外,海马还参与了注意力和学习等认知功能的调控。

海马在不同个体中的确切位置会有所不同,且其功能和神经调节机制仍需要进一步地研究和探索。

2)主要功能

海马具有以下主要功能：

(1)存储和恢复短期记忆。海马可以将从短时记忆转化为长期记忆的信息存储起来。这也是为什么当学习一些新的知识时,海马会活跃。

(2)空间定位和导航。海马对在空间中的定位和导航起着重要的作用。道路的记忆、空间的位置和方向等都被放在海马内。

(3)智力和学习。海马在高级智力和学习过程中扮演着重要角色。它在记住与分析新信息中起着至关重要的作用。

(4)情感调节。海马与情感调节有关,特别是与焦虑和抑郁等情绪的控制有关。

海马脑区是大脑的一个重要部分,它与记忆及其他许多方面的认知功能有着密切的联系。

8. 舌回

1)位置

大脑中的舌回位于枕叶内侧,并贴近大脑中的海马体,是视觉系统的一个重要组成部分。舌回延伸自白质中的枕下回前方,到大脑中部的枕叶固定在背侧。

舌回是类似于舌形的结构,在大脑的视觉处理中起着重要的作用,主要是对视觉信息的初步处理和分析。比如,它可以帮助人们识别物体的形状、颜色和纹理,以及感知物体的距离和方向。此外,舌回还参与了一些高级认知过程,如记忆和情感的处理。

大脑中不同的舌回和脑区之间没有硬性的分界线,因此具体的区域位置因个体差异而略有不同。同时,舌回的确切功能与神经调节机制还需要进一步地研究和探索。

2)主要功能

舌回灰质脑区是大脑皮层中一个与喉部、口腔和咽喉肌肉运动相关的区域。它是控制舌头运动的重要结构,同时也与舌头的感觉有关。

(1)控制舌头的运动。舌回灰质脑区负责控制舌肌的运动,从而使舌头能够完成咀嚼、吞咽和言语等。

(2)接收舌头的感觉。除了控制舌头的运动,舌回灰质脑区也接收来自舌头的传入神经信号。它接收关于舌头肌肉、舌头表面温度和质地等的感觉信息,从而帮助人体感知舌头的位置和状态。

(3)形成语言和言语。舌回灰质脑区在形成语言和言语方面也发挥着重要作用。人们在讲话时需要牢记语言单位的含义,并且根据不同的语境做出正确的发音。有研究表明,舌回灰质脑区在语音学的加工过程中起着至关重要的作用,它参与了语音的产生、处理和理解。

舌回灰质脑区在人类的语言、口腔和咽喉肌肉运动中扮演了重要的角色。它对于咀嚼、吞咽和言语等方面的正常运动是必不可少的,舌回灰质脑区的功能异常会导致以吞咽和言语为主的疾病。

9. 梭状回

1)位置

大脑中的梭状回位于大脑的颞叶内侧,是颞叶内侧结构的一个主要组成部分。具体来说,梭状回由以下两个分支组成:

(1)上翼:位于颞叶上方,与颞极区相邻,可看作是颞叶内侧向上延伸形成的结构。

(2)中下翼:位于颞叶的中间和中间偏下的位置,与颞叶下方的枕叶和后部的顶叶相邻。

梭状回是大脑皮层的一部分,位于颞叶和顶叶之间,沿着大脑的侧缘从颞叶向上延伸到顶叶。梭状回是一个相对较大和深入的回状结构,其功能与认知加工和感官信息处理有关。

大脑中梭状回的确切位置因个体差异而略有变化,且该结构的确切功能和神经调节机制还需进一步研究和探索。

2)主要功能

梭状回在大脑中具有重要的功能,主要与听觉、语言、记忆和情绪等方面的认知,以及空间定位和面孔识别等复杂任务的处理有关。同时,梭状回也参与了失语症、认知障碍、抑郁症等许多神经病和精神病的发生和发展过程。梭状回具有以下主要功能:

(1)语言加工。梭状回的下半部在语言加工中发挥着重要的作用,如语言理解、语音感知、语法处理等。梭状回的损伤或疾病可能导致失语症等语言障碍。

(2)空间感知。梭状回的上半部与空间感知和视觉加工有关,可以帮助人们识别物体、定向导航、控制注视等。

(3)视觉处理。梭状回的前部与视觉处理有关,参与了视觉注意、辨别、识别等过程。

(4)理解和产生情感。梭状回的损伤或疾病可能导致情感障碍或理解障碍。

梭状回功能多样,与大脑的高级认知过程密切相关。梭状回在各种疾病和相关认知障碍中的作用得到了充分的研究和理解。

10. 小脑的蚓体9

1)位置

小脑蚓部是小脑的中心区域,位于小脑的中央。蚓部分为前、中、后三部分,其中蚓体9位于蚓部的后部。

具体来说,小脑蚓体9位于小脑蚓部的后方,距离小脑的上下两侧近似相等,呈扁平长条状,位于蚓体的下部。蚓体9与其他蚓体和小脑半球均有联系,主要参与小脑的调节和控制,对运动和平衡的控制起着重要作用。

小脑蚓体9位于小脑蚓部的后方,是小脑的重要部位之一。

2)主要功能

小脑的蚓体9属于小脑的一部分,其具有以下主要功能:

(1)协调肌肉活动。小脑的蚓体9参与协调和调节肌肉的收缩和放松,与其他结构一起控制肌肉的张力和协调运动。

(2)维持平衡和姿态控制。小脑的蚓体9在协调运动的同时,也参与维持体位平衡和姿态控制等,对身体的动作和姿势调节起着重要的作用。

(3)调节眼动和眼位控制。小脑的蚓体9也参与调节眼部的活动和控制,特别是对于眼球在空间中的位置控制和方向调节具有特殊的作用。

(4)形成运动记忆。蚓体9在协调和控制运动的同时,也参与运动的感觉和知觉,帮助机体形成运动记忆和动作技能。

小脑的蚓体9在协调肌肉活动的同时,也维持身体的平衡和姿态控制,并且调节眼球的位置和方向,以及形成运动记忆等多种功能,在身体运动和动作控制中发挥着重要的作用。

11. 内侧和旁扣带脑回

1)位置

大脑中内侧和旁扣带脑回都位于大脑皮层内侧,是大脑的较为深层的区域。大脑中内侧脑回位于大脑的内侧表面,绕过大脑半球的上方。具体来说,它从大脑中央沟开始向前弯曲,形成一个半环形。内侧脑回与海马回和杏仁核等结构紧密联系,与情绪和记忆等功能相关。

旁扣带脑回位于大脑内侧,大致呈"C"形,环绕着海马体。它们负责处理来自嗅觉、视觉等方面的信息,并与海马体等结构紧密联系,参与记忆、情绪等功能的执行。

大脑的内侧和旁扣带脑回的具体位置和功能因个体差异而略有不同。目前这些区域的功能和神经调节等问题仍需进一步研究和探索。

2）主要功能

内侧脑回和旁扣带回是大脑皮层上重要的脑回之一，其具有以下主要功能：

（1）情绪调节。内侧带状回与情绪调节密切相关，可以调节愉悦情绪和负面情绪的表达和处理，与抑郁症、焦虑症、精神障碍等疾病的发生和发展有关。

（2）认知控制。内侧脑回参与调节认知控制和决策制定，能够帮助控制和调节人的思维、行为和情绪反应。

（3）痛觉感知。内侧带状回还与痛觉感知紧密相关，能够调节人的疼痛感知和疼痛体验。

（4）空间导航和学习。旁扣带回是一个重要的空间信息处理区域，能够帮助人们进行空间导航和学习，对于实现人类的空间定位和空间记忆有着重要的作用。

（5）记忆。旁扣带回不仅与空间记忆有关，还与语言记忆和视觉记忆等方面的大脑活动密切相关。

内侧带状回和旁扣带回是大脑皮层上重要的脑回之一，与情绪、认知、空间信息处理和记忆等高级神经功能密切相关。在神经系统疾病的研究和治疗中具有重要意义。

12. 楔叶

1）位置

楔叶灰质脑区是大脑皮层中一个叫作楔前皮质的区域，在脑的枕叶和顶叶之间，位于侧脑室的前上角区域。该区域是海马回、岛叶的前端处，脑回状似楔形，由此得名"楔叶"。

大脑中楔叶位于大脑的顶部，是大脑感觉和运动功能的主要区域之一。具体来说，大脑中楔叶位于大脑中央沟和侧裂之间，占据了大脑表面的后上方区域。

大脑中楔叶是大脑的高级感觉皮层之一，包括感觉区和运动区。感觉区包括体感皮层和空间感知区，处理来自身体各部位的感觉信息，定位和解释这些信息的意义。运动区包括前运动皮层、后运动皮层和顶下运动皮层，负责规划、编码和执行运动控制活动。此外，大脑中楔叶还参与语言理解、空间认知和记忆等高级认知功能的执行。

大脑中楔叶的具体位置和功能因个体差异而略有不同。目前关于大脑中楔叶的神经调节、信息传输和加工等多方面问题仍需要进一步研究和探索。

2）主要功能

楔叶灰质脑区是大脑的一个区域，主要负责人的感觉和空间认知。

楔叶灰质脑区具有以下主要功能:

(1)触觉和体位感知。楔叶灰质脑区与皮肤和深部感受器官相连,接收皮肤、肌肉和骨骼等组织的感觉信息。借助这些信息,楔叶灰质脑区能够对身体的感觉和位置进行精细地感知和调节。

(2)视觉感知和空间认知。楔叶灰质脑区也与视觉信息的处理有关,它接收来自眼睛的视觉信息,并用于空间定位和方向感知。楔叶灰质脑区还能够帮助人们感知他人和物体之间的相对位置,协助人们进行空间感知和导航。

(3)认知功能和工作记忆。楔叶灰质脑区还参与了高级认知功能和工作记忆,如计算、阅读和语言理解等。通过楔叶灰质脑区的活动,人们能够处理和保存各种类型的信息,并在需要时检索和应用这些信息。

楔叶灰质脑区是大脑功能区的一个关键部位,与多种感觉、认知和记忆功能有关,对于人类的感知和认知能力具有至关重要的作用。

13. 枕下回

1)位置

枕下回位于大脑的枕叶内侧面枕叶下方,颞叶内侧,是视觉信息处理的主要区域之一。具体来说,枕下回位于大脑中枕叶下方,与大脑中颞下回之间被一条窄的脑裂隔开。

枕下回是处理视觉信息的重要区域之一,接收来自视觉皮层的信息,并进行加工、综合和分析。这些信息最终被传输到大脑的其他区域,进一步整合和处理。因此,枕下回在人类的视觉识别、空间认知和视觉记忆等方面发挥着重要的作用。

枕下回的具体位置和功能会因个体差异而略有不同。目前关于大脑中枕下回的神经调节、信息传输和加工等多个方面问题仍需要进一步研究和探索。

2)主要功能

枕下回是人脑皮层的一部分是大脑中视觉信息处理的核心区域之一。枕下回具有以下主要功能:

(1)处理视觉信息。枕下回是视觉信息加工和处理的核心区域之一,接收来自眼睛的视觉输入,对其进行分析、处理、整合,以便人们能够产生感知、认识和对物体形象的理解。通过将视觉输入与大脑中存储的信息进行比较和匹配,枕下回帮助人获取对物体特征的认知,包括形状、颜色、大小、位置等信息。

(2)参与记忆和学习。枕下回还参与视觉学习和记忆。一些研究表明,枕下回在视觉方面的学习和记忆中发挥重要作用,例如对物体特征的记忆、面孔的辨认和对空间信息的处理等。

(3)意识和注意力。枕下回还与意识和注意力有关。一些研究表明,枕下回的激活和神经功能异常与意识和注意力障碍有关。

枕下回的功能与视觉信息加工、学习和记忆、意识和注意力密切相关,是人脑中非常重要的区域。

14. 嗅皮质

1)位置

大脑中嗅皮质位于大脑的颞叶内侧面,是嗅觉信息处理的主要区域之一。具体来说,大脑中嗅皮质位于嗅叶下方,跨越了大脑中枕叶和颞叶之间的分界线,在大脑皮质表面呈现出一个类似三角形的区域。

大脑中嗅皮质是处理嗅觉信息的主要区域之一,接收来自嗅球、嗅丘、扁桃体等部位传入的信息,并进行加工、综合和分析。这些信息最终被传输到大脑的其他区域,进一步整合和处理。因此,大脑中嗅皮质在人类的嗅觉识别、情感和记忆等方面发挥着重要的作用。

大脑中嗅皮质的具体位置和功能会因个体差异而略有不同。目前有关于大脑中嗅皮质的神经调节、信息传输和加工等多个方面问题仍需要进一步研究和探索。

2)主要功能

嗅皮质具有以下主要功能:

(1)嗅觉信息的处理和加工。嗅皮质接收来自鼻腔的气味刺激,并将这些刺激转化成神经信号,然后对嗅觉信息进行加工和分析。这个过程中,嗅皮质能够辨别不同的气味,识别它们的来源和特性,并且可以将这些信息与其他感官信息进行整合。

(2)情感和记忆的调节。与其他感官相同,嗅觉信息也会引起情感反应和记忆的形成。嗅皮质与情感和记忆信息的处理中心(如扣带回、海马等)相连,通过与这些区域的连接来调节情感和记忆的形成和回想。这使得气味成为唤起情感和记忆的强有力的刺激物。

(3)社交行为和社会认知。一些研究表明,气味在人们交往、相互信任、关系建立等方面具有重要的作用。嗅皮质参与了这些功能的处理,帮助人们识别自己和他人的气味,更好地交流和表达感受,增强社交能力。

(4)自我保护。嗅觉信息也能够帮助人们感知与自我保护相关的信息,例如检测食物是否过期、警示危险气体等。

嗅皮质是一个复杂而精细的嗅觉神经网络,连接了视觉、听觉、情感、记忆和自我保护等多个大脑功能系统,扮演了不可替代的角色。

15. 脑岛

1)位置

脑岛是大脑皮层中的一个区域,位于侧脑裂下部,与中央回、顶枕回、前上额回和颞叶的各个区域相邻。它是情感、运动和认知功能的综合区域,与前额叶、顶枕叶、扣带回等多个大脑区域相互连接。研究表明,脑岛在情感调节、言语和语言理解、记忆、意识、运动控制等方面起着重要作用。损伤或异常活动的脑岛导致情感障碍、语言障碍、抑郁症、焦虑症等问题。同时,脑岛在药物成瘾和戒断方面也具有重要的作用。

2)主要功能

脑岛具有以下主要功能:

(1)情感调节。脑岛参与负责情感的丘脑、杏仁核、前额叶、下丘脑等脑区的神经网络中,调节情感的产生、表达、体验和认知等方面。损坏脑岛导致情感障碍,如抑郁症、焦虑症等。

(2)言语和语言理解。脑岛参与言语和语言的产生与理解等过程。在语言产生中,脑岛参与制定口语和书写策略,词汇的选择和语法的处理等。在语言理解中,脑岛帮助更好地理解和处理语法和语义的信息。

(3)记忆。脑岛参与语义、情感和自动记忆等多种类型的记忆,特别是对于短期记忆和工作记忆的加工和表达起关键作用。

(4)意识。脑岛是大脑皮层中与意识状态紧密相关的区域之一,参与模糊意识和清醒意识等级的调节。

(5)运动控制。脑岛参与身体的运动控制和协调,影响肌肉收缩和放松等。

总体而言,脑岛的功能非常广泛,涉及情感、认知、动作、语言理解和记忆等多方面,并与多个大脑区域相互连接和协作。

16. 回直肌

1)位置

回直肌是大脑皮层中的一个区域,位于额叶前部,紧贴着中央深部的纵裂前沟。回直肌由一个向后卷曲的皮质带组成,连接着额叶上、中、下三个脑回,从而形成海马回的前部边缘。回直肌后面是扣带回,前面是扣带皮质和内侧额叶皮质。回直肌是一种皮质区域,主要参与情绪及意识等高级认知功能的调节。同时,回直肌也与大脑的视觉、听觉等感觉系统以及大脑的运动系统有着密切的联系,具有较为复杂的功能作用。

2)主要功能

回直肌具有以下主要功能:

(1)情绪及意识调节。回直肌参与大脑的情绪及意识调节,控制情感、情绪等高级认知功能。

(2)认知。回直肌参与人类的各种认知过程,如学习、记忆、语言、思维等。

(3)运动。回直肌参与控制身体的运动。它与身体运动皮层及尾状核等区域有联系,协调精细的手指运动。

(4)视觉。回直肌参与视觉传递和处理,包括视觉空间意识、视觉关注、目光转移等。

(5)听觉。回直肌还和听觉信息处理有关,包括判断音高、音色,声源定位等听觉功能。

(6)交感神经。回直肌还与交感神经系统有关,参与控制自主神经系统的一些功能调节,如心率、呼吸等。

总的来说,大脑中回直肌是一种功能多样的大脑皮层区域,与大脑的认知、情绪、视听觉、运动控制、生理调节等多方面都有密切联系。

17. 枕中回

1)位置

枕中回是位于人类大脑半球的顶枕区域的一条深缝,主要是将顶叶与枕叶分开。枕中回通常沿着大脑半球的横向轴线分为前、中、后枕中回三个分支。

具体来说,枕中回位于顶叶和枕叶之间,从头顶部向后延伸至枕部一侧。它从中央向两侧呈"V"形向下延伸,其底部与枕叶最上方相接触,其顶部与顶叶最后部的前枕回相连。因为枕中回的深度和形状的差异,它在不同的人脑中有很大的变化。

枕中回是连接大脑不同区域的重要通道,其前面与前枕回连接,后面与中枕回、后枕回连接。枕中回还与大脑皮层中许多区域,如顶枕皮层、顶叶后枕皮层、枕叶后部紧密相连。这些区域涉及感觉信息的处理、视觉信息的处理、多模式感觉整合、空间注意等大脑功能,枕中回参与调节这些功能。

枕中回的具体位置和形态不同的人中存在差异,但可以通过神经影像学方法(如MRI)更加准确地观察和分析它的特征。

2)主要功能

枕中回是视觉皮层的一个重要区域,其主要功能是接收视网膜传来的视觉信息,进行初步的处理和分析,并将其传递给其他视觉皮层区域进行更深入

的处理。枕中回在视觉信息处理中发挥了关键的作用,主要有以下几个方面:

(1)空间定位。枕中回能够分析和处理从双眼传来的视觉位置信息,帮助人们定位和识别景物的位置和大小。

(2)颜色识别。通过处理不同颜色的光信号,枕中回帮助人们区分不同的颜色。

(3)运动识别。枕中回可以分析物体的运动方向和速度信息,帮助人们识别运动物体。

(4)形状识别。枕中回能够识别物体的形状和轮廓,从而帮助人们识别和区分不同的物体。

枕中回的详细功能还在不断地研究中,通过对枕中回神经元的结构和活动模式进行探究,研究人员正在逐渐解开视觉信息处理的奥秘,这对于认知神经科学和神经工程学领域的研究具有重要的意义。

18. 杏仁核

1)位置

杏仁核是人脑中的一部分重要的神经核团,位于颞叶内侧,与海马和海马旁回以及其他结构相邻。具体来说,杏仁核位于脑内双侧颞叶内侧,也就是位于夹在丘脑、海马旁回和杏仁体之间的区域。每个脑半球中的杏仁核分别由中央、乳头状和壳状三个核组成。在脑实质中,它们位于岛叶、基底节和丘脑底部之间,就像两个杏仁形状的小核团沿着大脑的侧面一样。

值得注意的是,杏仁核虽然只是一个小的核团,但是它在情感、社会行为和认知等方面扮演着极其重要的角色。

2)主要功能

杏仁核是情感和认知加工的重要区域,其主要功能如下:

(1)处理情感信息。杏仁核对社交和情感信息特别敏感,当遇到威胁、恐惧等刺激时,杏仁核会立即加强脑部的注意力和警觉性,帮助做出应对的决策。

(2)记忆加工。杏仁核不仅与处理情感相关的记忆有关,也与一般认知记忆有关。它有助于加强记忆的存储,帮助人们更好地回忆重要的信息。

(3)对孤独感的调节。当人处于孤独环境时,杏仁核变得更加活跃,产生更多的负面情感。当人享受社交互动时,杏仁核会产生更多的正面情感。

(4)决策制定。杏仁核参与了复杂决策的制定,它能够帮助评估威胁、协调行动和控制行为,从而干预行为的结果。

杏仁核是情感和认知思维中不可或缺的一部分,它参与情感调节、认知加工和决策制定等多方面。人们对杏仁核的研究有助于更好地理解情感和行为,并且还可以帮助人们制定更好的治疗方案,缓解一系列心理障碍。

19. 前扣带

1)位置

大脑中前扣带和旁扣带都是位于颞叶区,分别位于颞叶的前侧和侧面。前扣带和旁扣带脑回是两个不同的脑回,它们与颞叶上的其他结构一起参与多种高级神经功能的实现。

前扣带脑回位于大脑的上表面,是额叶的一部分。从侧面看,它在中心前回之上,从中间分界线开始向前延伸,直至上颞沟之前。前扣带脑回进一步分成许多小回,其不同的区域参与不同类型的神经活动,如行为计划、动机调控、高级工作记忆等。

前扣带和旁扣带在不同的分区、回的结构上存在不同的定义,因此其具体位置可以因不同研究、不同脑图而有所差异。

2)主要功能

前扣带和旁扣带是大脑皮层的两个区域,它们各自包括多个脑回。这些脑回对大脑的功能起到重要的作用。

前扣带脑回主要负责人类高级的认知功能,如决策、规划、注意力和工作记忆等。前扣带脑回的损伤会导致决策障碍,注意力缺陷和抑制障碍。此外,前扣带还与情感调节和社交行为有关。

旁扣带脑回主要负责视听整合、视听运动和空间定向等。它是大脑皮层中最复杂和最大的区域之一,包括多个次区域的脑回。旁扣带脑回与意识状态和意外事件处理有关。此外,它还与语言能力、注意力和记忆等功能有关。

前扣带和旁扣带及其脑回是大脑功能多样性的关键组成部分,它们共同构成了大脑的复杂网络,相互之间联通,协调与调节人类的高级认知和感知运动行为。了解它们的功能,有助于人们更好地理解人类的认知和神经机制,并开发更有效的治疗方法。

20. 小脑9

1)位置

小脑的灰质脑区共分为10个核团,其中包括1~9颗核团和1个蚓核。小脑9指的是第9颗核团,也叫作小网脊核。

小脑9位于小脑的中足部,是小脑中最大的一颗核团。它直接控制身体的肢体肌肉协调,对保持姿势和平衡以及产生平滑精准的肌肉运动都有着非常重要的作用。小脑9损伤会导致肢体的肌肉协调障碍、共济失调等,甚至影响日常生活和行动的能力。

在神经科学和临床方面，了解和研究小脑的各个核团在人体运动控制中的作用非常重要。理解小脑9的功能和功能障碍对于帮助诊断和治疗肌肉协调障碍等疾病也具有重要意义。

2）主要功能

小脑9具有以下主要功能：

（1）调节肌肉张力。小脑9参与控制肌肉的张力和畸变，使身体能够保持稳定的姿势。

（2）协调肢体运动。小脑9通过与其他小脑核团的协调配合，能够产生平滑而精确的肌肉运动。

（3）维持平衡。小脑9参与调节身体的平衡、姿势和运动能力。

（4）对身体知觉的调节。小脑9能够调节感觉信息的传输，使人体了解运动和一个人所处的位置。

（5）参与学习和记忆。小脑9参与学习和记忆肌肉协调和运动的技能和调节方式。

小脑9在身体控制和协调能力方面起着重要作用，其功能障碍会导致身体运动障碍，如共济失调等。因此，研究小脑9的具体功能对神经科学和临床医学研究都非常重要。

21. 枕下回

1）位置

枕下回指的是大脑（包括大脑的皮质和小脑）的颞旁部位，即位于颅底的后部、颞叶的下表面、小脑和延髓的末端附近。这些神经负责不同的功能，如面部的感觉和运动、听觉、咀嚼和吞咽、喉头和颈部的运动，因此，枕下回损伤会影响多个神经功能，导致枕下综合征的症状。值得一提的是，枕下回的位置非常深，手术治疗风险较高，需要较高的技术和经验，因此，枕下回病患者的治疗比较困难，通常需要多学科的专业医生共同协作，制定个性化治疗方案。

2）主要功能

枕下回是位于颅底的后部，颞叶下表面和小脑末端附近的一系列神经结构的交会处，其主要功能涉及三叉神经、面神经、迷走神经、舌咽神经、展神经等，这些神经负责多种身体的感知、动作和自主调节功能。

（1）控制面部感觉和运动。枕下回中包含大量的面部运动神经元，通过面神经细分的分支向面部提供感觉和肌肉运动控制。

（2）监管听觉。枕下回与耳朵和听觉神经紧密相连，可对听觉信息进行处理和调节。

（3）调节咀嚼、吞咽和呼吸功能。枕下回与颞骨和颈椎骨连接，涉及颈、喉、舌骨、下颌等的肌肉调节，控制咀嚼、吞咽、呼吸和喉咙的运动。

（4）调节心血管和呼吸。枕下回也涉及自主神经的调节，控制心率、血压、呼吸等生理过程。

（5）控制角膜感觉。枕下回通过眼神经向眼部提供感觉信息。

总体来说，枕下回是非常重要的神经结构，涉及多个功能系统的调节和控制，因此，枕下回的病变或损伤往往会表现为多种症状，并需要综合治疗。

22. 海马旁回

1）位置

海马旁回是大脑中颞叶内侧的一个区域，位于海马体的外侧。具体来说，它位于下丘脑与脑干之间、海马体的内侧和侧脑室内，紧贴额叶内侧和颞叶内侧，是人脑内重要的情绪记忆中心之一。海马旁回通过与海马体、杏仁核、额叶及其他脑区的联结，参与调节多种情绪与记忆相关的功能，发挥着重要作用。

2）主要功能

海马旁回是大脑内的重要脑区之一，其具有以下主要功能：

（1）参与情绪调节。海马旁回是情绪调节的关键脑区之一，可以帮助调节焦虑、恐惧、愤怒等负面情绪的产生和表达。另外，还可以促进人们社交行为的发生和维持。

（2）参与记忆存储。海马旁回是重要的记忆存储脑区之一，可以将信息从短时记忆转化为长时记忆，并保存在大脑中。这与人类的日常生活息息相关，比如记住重要的日期或者新的事物。

（3）协调认知功能。海马旁回与顶叶、前额叶和颞叶等多个脑区有连接，可以协调不同的认知功能。例如，当人们记忆一些复杂的信息时，海马旁回可以协调其他脑区共同参与记忆的流程。

海马旁回在情绪、记忆和认知方面都发挥着重要的作用，是人类智力、情感和行为的关键脑区之一。

23. 中央沟盖

1）位置

大脑中央沟盖是一条从前向后贯穿整个大脑皮层的沟，将大脑分为前后两个半球，俗称为罗兰氏裂。它位于大脑的顶部，连接前额叶和顶叶，可分为两个分支：一个连接中央前回（包含运动区）和顶枕后回（包含体感区）；另一个连接中央前回和额前回（包含运动和思维区）。

在人脑MRI中可以看到大脑中央沟盖呈不规则的"W"形,中央轻微凹进,前后两侧分别向上凸起。沟的深浅和分叉情况因人而异,但大多数成年人的组织结构都是相似的。

总的来说,大脑中央沟盖是连接感觉和运动区域的重要神经通道,是大脑重要的解剖标志之一。

2)主要功能

大脑中央沟盖是连接大脑皮层中各个区域的重要神经通道,它把大脑皮层分为前后两个半球,并将感觉和运动区域分开。它具有以下主要功能:

(1)运动控制。中央沟盖中的中央前回是运动皮层的重要组成部分,负责身体运动的控制。当大脑中的指令下达到中央前回时,中央前回通过中央沟盖与身体其他部位的肌肉控制区域连接,使身体产生动作。

(2)体感信息的传递。中央沟盖连接中央后回和中央前回,负责将来自身体各部位的体感信息传递给大脑其他区域进行加工和分析。中央后回接收来自身体的感觉信息,并将其传递到中央沟盖,再通过中央沟盖与大脑中的其他运动和认知区域进行连接和交流。

(3)分化和认知功能。中央沟盖在大脑皮层的分化和认知功能中起着重要的作用。它将大脑皮层分成运动区和感觉区,有助于大脑对不同的信息进行区分和识别。

以上内容仅是大脑中央沟盖功能的一个简单描述,实际上它的作用十分复杂多样,涉及情感、语言、记忆等方面的功能。

24. 小脑6层

1)位置

小脑是位于大脑后部的一个小型脑区,小脑6层位于小脑皮层深层部分,是小脑皮层的第6层结构。小脑6层与身体肌肉的运动控制十分密切相关。在小脑的皮层内,不同的层结构有不同的功能,小脑6层负责控制运动,它有许多神经元,可以接收感觉信息并发出运动指令。

小脑6层的位置在小脑的表面深层区域,由于小脑皮层结构的复杂性,准确定位小脑6层并不容易。通常需要通过射频热消融、脑电图监测等技术手段,以及CT、MRI等影像学技术对小脑进行精确的定位,才能进行针对性的治疗或训练。

2)主要功能

小脑是大脑的一部分,主要负责协调和调节身体运动、平衡和姿势,同时也参与了思维、感觉和情绪等方面的处理。

小脑6层具有以下主要功能：

(1)感觉输入处理。小脑6层接收大脑传来的运动指令,也接收来自肌肉、关节、皮肤等感觉器官的信息,进行运动的深度控制和协调。

(2)运动输出控制。小脑6层是小脑中央的皮层,控制皮层下运动系统的输出。通过向脊髓和脑干神经核发出指令,控制身体肌肉的协调和平衡。

(3)语言和认知。小脑6层还参与了一些高级认知功能,如语言处理、注意力和决策制定等。比如,有人在说话时需要通过调节舌头、喉部和嘴唇等肌肉来发出清晰的语音。这时,小脑6层就会发挥重要作用,协调这些运动,让人的语言更加流畅自然。

小脑6层是小脑皮层中非常重要的一个区域,它掌控着许多肌肉运动的控制和协调工作,对人类的运动协调和平衡控制起到了决定性的作用。同时,它还参与了一些高级认知功能,如语言处理和决策制定等。

25. 枕上回

1)位置

枕上回位于颅腔后部,双侧各一,是大脑的一个主要区域。通常而言,枕上回分为外侧和内侧两个部分。

外侧的枕叶位于大脑最后部分,上面与顶叶相邻,下方与颞叶相接。枕叶是视觉的中枢,负责视觉信息的处理和分析,包括形状、颜色、运动等。外侧的枕叶的位置,大体上可以用头皮上的枕部表示。

内侧的枕上回位于外侧的枕叶下方,管壁平面的后部,两侧枕上回相对称,是大脑中一种类似半球体的结构,内部包含视觉皮质、视觉体系的一部分核团和其他区域。由于内侧枕上回在大脑内部,不可直接观察其位置。

值得强调的是,枕上回所在的精确位置不同人之间有所差异,这是个体差异和大脑发育、变化等因素所致。

2)主要功能

枕上回是大脑的一个重要区域,其主要功能是处理和分析视觉信息。具体来说,枕上回具有以下主要功能：

(1)视觉感知。枕上回是大脑视觉通路的终点之一,接收眼睛传来的视觉信息,负责感知外界的形状、颜色、运动等信息。

(2)视觉辨别。枕上回能够将视觉信息分类和辨别,识别出物体的形状、大小、位置等特征,帮助人们对所见物体进行认知和理解。

(3)空间认知。枕上回与空间认知有关,能够处理和表征物体的位置和方向等信息,帮助人们定向和运动。

(4)视觉记忆。枕上回参与了人类的视觉记忆,帮助人们储存和提取关于物体形状、颜色等信息的记忆。

枕上回是大脑视觉处理的核心区域,是人类认知能力中不可或缺的一部分。

26. (小脑的)蚓体7

1)位置

蚓体7位于小脑蚓部中间位置,在小脑蚓体的第七个小叶之下,贯穿整个小脑蚓部的中央。小脑蚓体是小脑的一个长条状中央区域,共分为10个蚓小叶,由蚓体与蚓前叶、蚓后叶组成。小脑蚓体是小脑功能的重要核心区域,与调节姿势、平衡、协调运动等功能有关。对人体运动协调和平衡控制具有重要作用。

2)主要功能

蚓体7的功能是协调和调节人体的运动。

与其他脑区相互联系协调工作,调节和影响人体的运动行为。小脑蚓体的病变往往会导致人体运动的失调和协调障碍。在体育、运动控制和身体平衡中具有重要作用。

具体来说,小脑蚓体7通过传递神经冲动,参与各种形式的运动,如行走、奔跑、跳跃、举重等。其主要作用是调节肌肉收缩和松弛,确保可以进行精细的协调运动,同时保持身体稳定和平衡性。小脑蚓体7还能够对眼球的运动产生调节作用,帮助保持视觉稳定和清晰度。

总而言之,小脑蚓体7位于小脑蚓体的中间位置,是小脑控制身体运动、身体平衡和协调运动的核心区域之一。

27. 尾状核L

1)位置

尾状核是人脑中基底核团中的一个核团,属于大脑基底节的一部分。其位置位于大脑镰与第三脑室之间,也就是大脑半球内部。大脑的左、右半球都有尾状核,它们与侧脑室的后角相邻。尾状核位于额叶、顶叶和颞叶之间,在脑部的神经系统中,它们与丘脑相邻,在多个神经传递过程中都扮演着至关重要的角色。

尾状核是大脑相关运动区域中最重要的一个核团,它参与调节人体的运动控制、姿势平衡、协调运动等活动。同时,尾状核也在一些认知和情感方面发挥重要作用,包括记忆、学习、语言和情感的调节等。由于尾状核与多个大脑区域之间互相联系和相互作用,发生尾状核病变时会对人体运动和认知功能等产生影响。

2）主要功能

尾状核是脑部的一部分，是大脑基底节中的一个核团。尾状核具有以下主要功能：

（1）调节运动控制。尾状核是大脑中最能够执行运动调节的区域之一。它参与协调、并行和序列的运动，特别是需要一定注意力、规律、计划和准备的复杂运动。

（2）协调姿势和平衡。尾状核的神经元在控制人体的运动和姿势中发挥作用，特别是在处理姿态的调整上起重要作用。

（3）调节认知和情感。尾状核还参与调节认知和情感的运作。尾状核与记忆、学习、预测和决策等认知过程有关；同时，它还与大脑的情绪控制相关。

（4）协调行为。尾状核还涉及进行向目标导向的行为，如集中注意力、决策制定和行动执行等。

总而言之，尾状核在大脑调节运动、姿势、认知和情感方面扮演着至关重要的角色，它是神经系统中最重要的连接区域之一，与多个脑区协同工作，确保适当的行为和反应。

28. 颞横回 R

1）位置

颞叶包括颞上回、颞中回和颞下回。颞中回中包含颞极回和颞横回。颞横回位于颞中回的最上方，是一条横向的大脑皮层回脊。它从颞上回前部开始延伸，一直延伸至颞下回后部，与枕叶、顶叶和额叶相交接。

颞横回是大脑皮层中功能最为丰富、结构最为复杂的区域之一。它包含了一系列负责视听信息处理、语言、认知控制和情绪调节的神经传导路径和关键结构，如听觉皮质、语听区、嗅觉中枢和颞垂体等。同时，颞横回也与人类长期记忆的编码和检索有着密切的关系，是"海马-颞叶记忆系统"的一个重要成员之一。

2）主要功能

颞横回是大脑的一个功能丰富、结构复杂的区域，其主要功能如下：

（1）视觉和听觉信息的处理。颞横回是大脑皮质中含有最多视听信息处理的区域之一，它包含了许多视觉和听觉的基本处理区，并具有完成高级视听信息处理的功能。例如，颞横回中的听觉皮质能够接收耳蜗传来的声音信息，并将其翻译成能够理解的形式。

（2）语言的产生和理解。颞横回是语言处理的重要区域。左侧颞横回中的布洛卡区和威尔尼克区是语言表达和理解的重要区域。当听到某种语言时,颞横回中的听觉皮层会接收相应的声音信息,而布洛卡区会接收并处理这些信息,使能够理解意思并做出相应的反应。

(3)情绪和社交行为的调节。颞横回参与了情绪和社交行为的调节,尤其是在伴随着情感的记忆中。例如,右侧颞横回的岛叶负责处理情感信息,与前额叶和下丘脑一起参与了情感的调节。

(4)认知控制。颞横回参与了许多认知控制过程,如长期记忆、注意力、空间定向和语境的处理等。右侧颞横回的前部和中部在大脑长期记忆系统中发挥了重要作用。

颞横回是大脑功能最为丰富、结构最为复杂的区域之一,包含多种感知、认知和情感处理区域,为人类的语言表达、情感调节和认知控制等过程提供了重要的神经基础。

29. 小脑 4,5R

1)位置

小脑是大脑的一部分,位于颅后窝内。小脑呈扁平状,由小脑半球和小脑蚓两部分组成。在小脑内,小脑半球又被分为小脑前叶、小脑中叶和小脑后叶。小脑 4,5 区域是指小脑中叶的第四和第五小叶,位于小脑的蚓部前方,参与调节肌肉协调以及运动的准确性等。

2)主要功能

小脑 4,5 区域是小脑中叶的两个小叶,主要参与肢体控制和协调的控制,它是小脑运动功能的核心。小脑 4,5 区域通过不断地从感官皮层、丘脑和脊髓等区域传来的输入信息,对肌肉运动进行精确调节,协调人体的运动和姿态,以便适当地适应不断变化的外部环境。因此,小脑 4,5 区域是控制身体姿态和肌肉运动的重要核心区域。

研究表明,小脑 4,5 区域与手的控制和协调密切相关,在手的精细操作和视觉与触觉相结合的任务中扮演着重要角色。此外,小脑 4,5 区域还与语言和认知功能有关,参与了在音节、语气和意义等方面的语言处理。同时,小脑 4,5 区域还在学习和记忆等方面发挥着重要作用。小脑 4,5 区域这一重要的神经区域对身体的运动、姿态、语言和认知功能等方面都具有至关重要的调节和控制作用。

30. 眶部额上回 R

1)位置

眶部额上回(orbitofrontal cortex,OFC)是位于前额叶内部脑组织的一部分,位于眉弓和眶骨内的区域。眶部额上回被视为大脑中海马体前回、杏仁体、纹状体、前额顶回的一部分。它与行为控制、决策制定、情绪调节、社交认知以及奖励和惩罚等方面的功能有关。

2）主要功能

眶部额上回是大脑中的一个重要区域,与情绪调节、社交认知、决策制定、奖励和惩罚等方面的功能有关。具体而言,眶部额上回具有以下主要功能:

(1)情绪调节。眶部额上回参与控制情感和情绪的表达以及情绪解释的过程。

(2)社交认知。眶部额上回负责人际交往、社会行为和社交情境的处理,有助于识别和感知面部微表情和情感信息。

(3)决策制定。眶部额上回参与决策制定和注意力调整的过程,帮助人们在面对复杂信息和决策时做出正确的选择。

(4)奖励和惩罚。眶部额上回与奖励和惩罚的认知、评估和决策相关,并影响人们对于食物、药物和其他类型的奖赏反应等。

(5)认知灵活性。眶部额上回促进认知灵活性的提高,使人们能够适应复杂的社交和环境需求。

总的来说,眶部额上回是大脑中非常重要的区域,它与日常情绪、社交互动、决策制定和奖励惩罚等多方面有关。

31. (小脑的)蚓体1,2

1）位置

"蚓体"位于小脑的蚓部,是小脑中央区域的一部分。在小脑半球之间,沿中线上方的凸起区域,即小脑蚓部。它连接了小脑两半球,通过它小脑皮质能够相互通信。"蚓体"在小脑的解剖和生理学中具有重要作用,它可以影响小脑的调节和协调运动、姿势和平衡等方面的功能。小脑的蚓体是小脑中央区域的一部分,主要位于小脑半球之间的水平面上方,是连接小脑两半球的结构。具体来说,蚓体的位置是在小脑中脑脚的前极,也称为上蚓部,形状像一条狭窄的带状物。通常将小脑蚓体分为蚓体1和蚓体2,蚓体1位于小脑蚓体的上部,蚓体2位于小脑蚓体的下部。蚓体1和蚓体2之间有许多小脑的中线结构,如小脑正中纹和小脑深部核团等。

2）主要功能

蚓体1和蚓体2是小脑中非常重要的结构,在小脑的解剖和生理学中具有多种功能。

蚓体1主要参与调节和控制小脑半球之间的通信,它扮演着连接两个半球、使它们协调工作的桥梁作用。同时,蚓体1还参与控制肢体的运动,尤其是细致、精细的运动,例如艺术、音乐和运动技巧等方面。它也可调节其他中枢神经系统的活动,如脊髓运动神经元的活动和大脑皮质区域的功能。

蚓体2主要参与调节小脑的躯体姿势感觉和平衡控制,对身体的静态和动态平衡起重要作用。同时,它还参与控制小脑的调节和协调肌肉张力,帮助控制肌肉的紧张程度,保证肢体的平稳与平衡,以避免兴奋过度而导致动作不协调和不稳定。蚓体1和蚓体2都与小脑皮质、小脑深部核团以及其他大脑区域的神经元之间有密切的联系,构成小脑的神经网络系统,共同调节和协调肢体运动和姿势平衡。

32. 楔前叶 R

1) 位置

楔前叶位于前中央脑回上,是大脑皮层的一部分。它位于中央沟的前方,被中央沟分为两个部分与楔后叶相邻。楔前叶是大脑皮层中负责控制肌肉运动的主要区域之一,也叫作运动皮层或前中央回。

在人类大脑中,左、右两个楔前叶分别对应着相对应的肢体和肌肉。楔前叶内的神经元控制身体的大肌肉运动和手脚部的小肌肉运动,如拇指运动和口腔肌肉控制。当人们进行大肌肉的运动时,如走路、跑步、跳跃,楔前叶会被激活。楔前叶的功能与小脑和基底节等其他脑区相互协调,控制人体的运动和协调动作。

2) 主要功能

大脑中的楔前叶功能主要与肌肉控制和运动有关。

具体来说,楔前叶具有以下主要功能:

(1) 控制肌肉运动。楔前叶含有大量的神经元,这些神经元控制身体大肌肉的持续收缩、放松,从而进行有目的的运动。

(2) 控制自发运动。楔前叶对于控制自发性的动作和动作的速度和力量具有重要的作用,常见的点头、皱眉等都需要楔前叶的神经元调控。

(3) 参与掌控复杂的动作。楔前叶不仅控制简单的肌肉收缩,还参与掌控人体实现更复杂的动作,例如任务性练习时的运动学习,协调肢体运动过程的精细调整等。

(4) 在人说话时发挥重要作用。通过控制口腔和喉咙肌肉的运动,楔前叶负责产生语言。

总而言之,大脑中的楔前叶是进行协调性运动、肌肉控制等各种复杂行为的关键区域。

33.（小脑的）蚓体6

1）位置

蚓体是小脑中央部分的一条纵向凸起,由许多小叶之间的蜂拥结缔组成。蚓体包含10个小脑小叶之间的中央区域。蚓体由6个部分组成,从前到后依次为蚓前叶、蚓前结节、蚓中叶、蚓后结节、蚓后叶和颗粒蚓。其中,蚓体6指的是蚓体的后部,包括蚓后结节、蚓后叶和颗粒蚓。它是整个蚓体的最后一部分,与小脑的皮质区连接紧密,是小脑的一个重要组成部分。蚓体6在小脑的中央位置,呈现鳍状。

2）主要功能

蚓体6具有以下主要功能:

（1）调节运动控制。蚓体6与小脑皮质和核团紧密连接,并与前庭系统和运动系统密切相关,参与调节肌肉收缩和放松,以控制人体运动、平衡和姿势的协调。

（2）精确控制运动。蚓体6参与控制对细小肌肉运动的精细度调节,特别是在手指和脚趾的运动中。

（3）与注意力有关。蚓体6参与调节注意力和情绪,特别是在语言表达、情感处理和社交互动等方面的综合性任务中。

（4）与反射弧形成有关。蚓体6参与形成反射弧,如眼球不自主地水平与垂直摆动。

蚓体6是小脑中一个非常重要的区域,在控制人体运动、平衡、姿态、注意力和情感等方面发挥着重要的作用。

3.4 功能总结与结论

在实验中,利用RESTplus软件从前缀wmr的数据中提取了各个脑区的数值,提取过程如图3-10所示。得到了每位飞行员116个脑区的数值,这些数值与灰质密度正相关,这些数值的平均值设定为1。数值大于1表示该脑区的灰质密度高于平均水平,小于1表示低于平均水平。这些数值可以用于计算对应脑区的体积变化,从而评估飞行训练对该脑区的影响程度。

为了消除不同采集机器之间的系统误差,对数据进行了归一化处理,并对不同地区相同脑区的数据取平均,得到了脑区的重要性系数。表3-1展示了超过平均值的脑区的排序情况。通过这些数值可以更准确地评估飞行员在不同脑区的灰质密度变化,进一步揭示飞行训练对脑部结构的影响程度。

这些数值和系数的分析将有助于人们了解飞行员在各个脑区的灰质密度变化,同时也可以帮助确定飞行训练对特定脑区的影响程度。通过这种方法可以量化飞行训练对大脑结构的作用,为评估飞行员的认知和运动能力提供更深入的参考。

3.4.1 脑区重要性系数

基于实验结果得出了关于脑区重要性的排序,具体结果如表3-2所列。通过这个排序可以确定哪些脑区在飞行员中具有更高的重要性和发达程度,排名越靠前的脑区表示在飞行任务中扮演着更关键的角色。这些排序结果为人们提供了对飞行员大脑结构的深入理解,并为进一步研究飞行训练对大脑功能和认知能力的影响提供了重要线索。这种信息有助于优化飞行员培训和挑选适合特定任务的飞行员,从而提高飞行安全和效率。

表3-2 脑区重要性系数排序

排名	系数	脑区编号	排名	系数	脑区编号	排名	系数	脑区编号
1	1.422522	76	21	1.187105	21	41	1.110522	17
2	1.413106	75	22	1.181189	53	42	1.094256	50
3	1.369449	74	23	1.170835	28	43	1.094125	49
4	1.363622	73	24	1.16838	27	44	1.091489	45
5	1.3336	36	25	1.16514	51	45	1.087142	113
6	1.285123	77	26	1.163517	29	46	1.08657	71
7	1.281432	44	27	1.160774	43	47	1.080771	98
8	1.278908	35	28	1.158407	22	48	1.079598	6
9	1.258474	114	29	1.15726	31	49	1.071627	80
10	1.250615	37	30	1.155177	32	50	1.068648	72
11	1.245401	47	31	1.153959	42	51	1.068169	18
12	1.239946	38	32	1.153545	30	52	1.065892	109
13	1.238721	78	33	1.149284	105	53	1.058565	68

续表

排名	系数	脑区编号	排名	系数	脑区编号	排名	系数	脑区编号
14	1.222347	55	34	1.144492	41	54	1.054805	52
15	1.219486	115	35	1.136018	54	55	1.050117	79
16	1.216195	48	36	1.135424	40	56	1.048628	97
17	1.198783	56	37	1.124605	99	57	1.047273	112
18	1.190659	34	38	1.120311	100	58	1.034749	15
19	1.190101	46	39	1.117905	39	59	1.032083	65
20	1.187996	33	40	1.115348	106	60	1.023079	5

表3-3显示了与脑区编号相对应的具体脑区名称。通过对比可以更清楚地了解每个编号代表的具体脑区，从而更好地理解在表3-2中得出的脑区重要性排序结果。这种信息对于深入分析飞行员脑部结构变化及其与飞行训练之间的关系至关重要。通过脑区名称和编号的对应，可以更准确地追踪和解释不同脑区在飞行员大脑中的特定作用和影响，为未来相关研究和应用提供了基础和支持。

表3-3 AAL脑区编号所对应的脑区名称

脑区编号	脑区名称	脑区编号	脑区名称	脑区编号	脑区名称
1	中央前回L	40	海马旁回R	79	颞横回L
2	中央前回R	41	杏仁核L	80	颞横回R
3	背外侧额上回L	42	杏仁核R	81	颞上回L
4	背外侧额上回R	43	距状裂周围皮层L	82	颞上回R
5	眶部额上回L	44	距状裂周围皮层R	83	颞上回L
6	眶部额上回R	45	楔叶L	84	颞上回R
7	额中回L	46	楔叶R	85	颞中回L
8	额中回R	47	舌回L	86	颞中回R
9	眶部额中回L	48	舌回R	87	颞中回

续表

脑区编号	脑区名称	脑区编号	脑区名称	脑区编号	脑区名称
10	眶部额中回R	49	枕上回L	88	颞中回R
11	岛盖部额下回L	50	枕上回R	89	颞下回L
12	岛盖部额下回R	51	枕中回L	90	颞下回R
13	三角部额下回L	52	枕中回R	91	小脑脚1 L
14	三角部额下回R	53	枕下回L	92	小脑脚1 R
15	眶部额下回L	54	枕下回R	93	小脑脚2 L
16	眶部额下回R	55	梭状回L	94	小脑脚2 R
17	中央沟盖L	56	梭状回R	95	小脑3 L
18	中央沟盖R	57	中央后回L	96	小脑3 R
19	补充运动区L	58	中央后回R	97	小脑45 L
20	补充运动区R	59	顶上回L	98	小脑45 R
21	嗅皮质L	60	顶上回R	99	小脑6 L
22	嗅皮质R	61	顶下缘角回L	100	小脑6 R
23	内侧额上回L	62	顶下缘角回R	101	小脑7b L
24	内侧额上回R	63	缘上回L	102	小脑7b R
25	眶内额上回L	64	缘上回R	103	小脑8 L
26	眶内额上回R	65	角回L	104	小脑8 R
27	回直肌L	66	角回R	105	小脑9 L
28	回直肌R	67	楔前叶L	106	小脑9 R
29	脑岛L	68	楔前叶R	107	小脑10 L
30	脑岛R	69	中央旁小叶L	108	小脑10 R
31	前扣带和旁扣带脑回L	70	中央旁小叶R	109	(小脑的)蚓体1,2
32	前扣带和旁扣带脑回R	71	尾状核L	110	(小脑的)蚓体3
33	内侧和旁扣带脑回L	72	尾状核R	111	(小脑的)蚓体5,4
34	内侧和旁扣带脑回R	73	豆状壳核L	112	(小脑的)蚓体6

续表

脑区编号	脑区名称	脑区编号	脑区名称	脑区编号	脑区名称
35	后扣带回L	74	豆状壳核R	113	(小脑的)蚓体7
36	后扣带回R	75	豆状苍白球L	114	(小脑的)蚓体8
37	海马L	76	豆状苍白球R	115	(小脑的)蚓体9
38	海马R	77	丘脑L	116	(小脑的)蚓体10
39	海马旁回L	78	丘脑R		

3.4.2 脑区功能

通过对脑科学文献的综述,我们总结了各脑区的主要功能,并对脑区权值进行了排序,具体结果如表3-4所列。

表3-4 脑区、重要系数与功能

1.豆状核76,75 1.422522+1.413106 运动调节与控制 认知功能 情感调节	2.豆状壳核74,73 1.369449+1.363622 运动调节与控制 认知功能 情感调节	3.后扣带回35,36 1.278908+1.3336 空间定向 时空记忆 隐喻和比喻理解 注意力分配 运动控制
4.丘脑78,77 1.238721+1.285123 感觉传递 运动调节 内分泌调节 自主神经调节 情感和行为调节	5.距状裂周围皮层44,43 1.281432+1.160774 情感和奖赏处理 认知控制 社会行为 反应后果预测	6.蚓体8 114 1.258474 手、眼协调动作 站立和行走 时间感知 情感调节
7.海马38,37 1.239946+1.250615 存储和恢复短期记忆 空间定位和导航 智力和学习 情感调节	8.舌回 47,48 1.245401+1.216195 控制舌头的运动 接收舌头的感觉 形成语言和言语	9.梭状回55,56 1.222347+1.198783 语言加工 空间感知 视觉处理 理解和产生情感

续表

10. 小脑的蚓体9　115 1.219486 协调肌肉活动 维持平衡和姿态控制 调节眼动和眼位控制 形成运动记忆	11. 内侧和旁扣带脑回34,33 1.190659+1.187996 情绪调节 认知控制 痛觉感知 空间导航和学习 记忆	12. 楔叶46,45 1.190101+1.091489 触觉和体位感知 视觉感知和空间认知 认知功能和工作记忆
13. 枕下回53,54 1.181189+1.13601791441915 处理视觉信息 参与记忆和学习 意识和注意力	14. 嗅皮质21,22 1.187105+1.158407 嗅觉信息的处理和加工 情感和记忆的调节 社交行为和社会认知 自我保护	15. 脑岛29,30 1.163517+1.153545 情感调节 言语和语言理解 记忆 意识 运动控制
16. 回直肌28,27 1.170835+1.16838 情绪及意识调节 认知功能 运动功能 视觉功能 听觉功能 交感神经功能	17. 枕中回51,52 1.16514+1.054805 空间定位 颜色识别 运动识别 形状识别	18. 杏仁核42,41 1.187105+1.181189 处理情感信息 记忆加工 对孤独感的调节 决策制定
19. 前扣带和旁扣带脑回31,32 1.15726+1.155177 高级的认知功能 视听整合	20. 小脑9　105,106 1.149284+1.115348 调节肌肉张力 协调肢体运动 维持平衡 对身体知觉的调节 参与学习和记忆	21. 枕下回54,53 1.136018+1.18118862723853 控制面部感觉和运动 监管听觉功能 调节咀嚼、吞咽和呼吸功能 调节心血管和呼吸功能 控制角膜感觉
22. 海马旁回40,39 1.135424+1.117905 参与情绪调节 参与记忆存储 协调认知功能	23. 中央沟盖17,18 1.110522+1.068169 运动控制 体感信息的传递 分化和认知功能	24. 小脑6　99,100 1.124605+1.120311 感觉输入处理 运动输出控制 语言和认知
25. 枕上回50,49 1.094256+1.094125 视觉感知 视觉辨别 空间认知 视觉记忆	26. (小脑的)蚓体7　113 1.087142 调节肌肉收缩和松弛	27. 尾状核L　71,72 1.08657+1.068648 调节运动控制 协调姿势和平衡 调节认知和情感 协调行为

续表

28.颞横回 80,79 1.071627+1.050117 视觉和听觉信息的处理 语言的产生和理解 情绪和社交行为的调节 认知控制	29.小脑45 98,97 1.080771+1.048628 肢体控制和协调的控制 手的控制和协调	30.眶部额上回 6,5 1.079598+1.023079 情绪调节 社交认知 决策制定 奖励和惩罚 认知灵活性
31.(小脑的)蚓体12 109 1.065892 躯体姿势感觉和平衡控制 调节和控制小脑半球之间的通信	32.楔前叶68,67 1.058565+0.991887 控制肌肉运动 控制自发运动 参与掌控复杂的动作 在人声说话时发挥重要作用	33.(小脑的)蚓体6 112 1.047273 调节运动控制 精确控制运动 与注意力有关 与反射弧形成有关

通过权值排序,可以了解每个脑区在大脑功能中的相对重要性和主要职能。排名靠前的脑区具有更显著的功能特征,在相关认知、感知或行为方面起着关键作用。

这些脑区的主要功能权值排序为人们提供了对大脑不同区域功能的更深入理解,帮助解释飞行员在飞行任务中脑部结构变化所体现出的特定功能和影响。这些信息有助于揭示飞行员大脑功能活动的深层机制,为进一步研究认知神经科学提供了宝贵线索和启示。

3.4.3 能力聚类分析

语言模型的聚类分析是指将语言模型中的文本数据进行聚类,将相似的文本数据归为一类。这可以帮助更好地理解文本数据之间的关系,并且可以用于文本分类、文本聚类、信息检索等任务。在进行语言模型的聚类分析时,一般采用无监督学习的方法,如K-means算法、层次聚类算法等。首先需要将文本数据表示成数值向量,常用的方法包括词袋模型、TF-IDF模型等;然后利用聚类算法对这些向量进行聚类,将相似的向量划分到同一类别中。聚类分析的结果通常需要人工进行评估和解释。可以使用轮廓系数、Calinski-Harabasz指数等聚类评估指标来评估聚类的质量,同时也需要对每个聚类进行解释和标注,以便后续的应用。

1. 飞行员能力聚类分析结果

(1)情感调节类(权值为9.152897):情感调节+情感和行为调节+情感和奖

赏处理+情感和记忆的调节+情感调节+对孤独感的调节+对身体知觉的调节+自我保护+处理情感信息+参与情绪调节+情绪和社交行为的调节+情绪及意识调节。

（2）认知功能类（权值为8.430134）：运动调节与控制+认知功能+注意力分配+内分泌调节+感觉传递+存储和恢复短期记忆+语言加工+协调肌肉活动+情绪调节+意识及注意力调节+视觉功能+听觉功能+交感神经功能+高级的认知功能+调节肌肉张力+监管听觉功能+参与情绪调节+运动控制+分化和认知功能+运动输出控制+认知控制+肢体控制和协调的控制+情绪调节+决策制定+认知灵活性。

（3）运动控制类（权值为6.207474）：运动调节与控制+运动控制+运动调节+形成运动记忆+运动识别+运动控制+运动功能+运动输出控制+调节运动控制+协调行为。

（4）记忆类（权值为6.106595）：存储和恢复短期记忆+参与记忆和学习+决策制定+参与记忆存储+记忆加工+记忆。

（5）空间定位类（权值为5.919133）：空间定向+时空记忆+隐喻和比喻理解+空间定位和导航+空间感知+视觉处理+视觉感知和空间认知+视觉感知+空间认知+视觉辨别+视觉记忆。

（6）社交行为类（权值为4.996716）：社会行为+社交行为和社会认知+社交认知。

（7）感觉处理类（权值为4.786396）：感觉传递+触觉和体位感知+嗅觉信息的处理和加工+视觉和听觉信息的处理+感觉输入处理+视觉感知+视觉辨别+视觉和听觉信息的处理+感觉输入处理。

（8）语言理解类（权值为4.738272）：控制舌头的运动+接收舌头的感觉+形成语言和言语+言语和语言理解+语言的产生和理解。

（9）注意力类（权值为4.659781）：注意力分配+意识和注意力+意识+认知功能和工作记忆。

（10）自主神经调节类（权值为4.523844）：内分泌调节+自主神经调节。

（11）视听功能类（权值为4.462729）：手、眼协调动作+站立和行走+视听整合。

（12）运动输出控制类（权值为4.244916）：运动输出控制。

（13）认知控制类（权值为4.121744）：认知控制。

（14）动作控制类（权值为4.097924）：参与掌控复杂的动作+在人声说话时发挥重要作用+调节运动控制+精确控制运动+与注意力有关+与反射弧形成

有关。

(15)情绪调节类(权值为4.020132):情绪调节。

(16)社会认知类(权值为3.787718):社会行为和社会认知。

(17)高级认知类(权值为2.312437):高级的认知功能。

(18)身体控制类(权值为2.264632):维持平衡和姿态控制+对身体知觉的调节+控制面部感觉和运动+监管听觉功能+调节咀嚼、吞咽和呼吸功能+调节心血管和呼吸功能+控制角膜感觉+调节肌肉收缩和松弛+调节运动控制+协调姿势和平衡+调节认知和情感+协调行为。

(19)感觉输入处理类(权值为2.244916):感觉输入处理。

(20)知觉类(权值为2.219945):颜色识别+运动识别+形状识别。

(21)视觉感知类(权值为2.188381):视觉感知。

(22)语言产生理解类(权值为2.121744):语言的产生和理解。

(23)其他类(权值为2.050452):躯体姿势感觉和平衡控制+调节和控制小脑半球之间的通信+控制肌肉运动+控制自发运动。

2. 根据上面的聚类结果及权值,可以将其分为8类

(1)运动相关(权值为22.202732):运动调节与控制,运动控制,手、眼协调动作,站立和行走,协调肌肉活动,维持平衡和姿态控制,调节眼动和眼位控制,形成运动记忆,运动功能,运动识别,调节肌肉张力,协调肢体运动,维持平衡,掌控复杂的动作,精确控制运动,与反射弧形成有关。

(2)空间感知和记忆(权值为15.205073):空间定向,时空记忆,隐喻和比喻理解,注意力分配,空间定位和导航,空间感知,视觉功能,颜色识别,形状识别,空间导航和学习,时间感知。

(3)感觉相关(权值为14.772200):感觉传递,内分泌调节,自主神经调节,感觉和体位感知,痛觉感知,嗅觉信息的处理和加工,触觉和体位感知,视听整合,参与学习和记忆,监管听觉功能,调节咀嚼,吞咽和呼吸功能,调节心血管和呼吸功能,控制角膜感觉,体感信息的传递,感觉输入处理。

(4)情感相关(权值为13.983630):情感调节,情感和行为调节,情感和奖赏处理,情感和记忆的调节,处理情感信息,对孤独感的调节,参与情绪调节。

(5)记忆相关(权值为12.582547):存储和恢复短期记忆,记忆,形成运动记忆,记忆加工,参与记忆和学习,视觉记忆。

(6)认知相关(权值为11.437947):认知功能,认知控制,认知功能和工作记忆,高级的认知功能,分化和认知功能,语言和认知。

(7)语言相关(权值为9.558961):形成语言和言语,控制舌头的运动,接收

舌头的感觉,言语和语言理解。

(8)社交行为和认知(权值为8.888303):社会行为,反应后果预测,社交行为和社会认知,自我保护,决策制定。

3. 将计算出的每类权值进行归一化

$$归一化权值 = \frac{原始权值 - 最小权值}{最大权值 - 最小权值}$$

其中,最小权值为所有权值中的最小值,最大权值为所有权值中的最大值。

根据上式对8类结果的权值进行归一化,得到的结果如表3-5所列。

表3-5　8类结果的权值

飞行员能力的聚类结果	归一化权值
运动相关	1
空间感知和记忆	0.72166
感觉相关	0.66501
情感相关	0.63155
记忆相关	0.51437
认知相关	0.4492
语言相关	0.29943
社交行为和认知	0.23549

这些归一化权值表示了每个类别的重要性,其中运动相关的权值最大,说明运动是这些功能中最重要的。

第4章
飞行员脑区间连接特征分析

轴突的直径和髓鞘在生命的开始两年里连续生长,在晚青春期之前甚至老年之前还未完全成熟,因此,长时间的飞行训练会让飞行员的白质连接数量有所不同。基于DTI成像技术的分析方法提供了研究白质完整性和轴突连接的方法。由DTI数据计算所得白质弥散参数的对比分析,可以得出长时间飞行训练对白质数量的影响。基于DTI数据可以计算白质体积及纤维束精确追踪和概率追踪。弥散谱成像是一种特殊的弥散成像技术,它不依赖先验模型来获取纤维走行方向信息。该方法利用概率密度函数描述扩散运动完整的空间分布,以高的角分辨率精确辨别出局部复杂交错的纤维走行,实现了六维弥散影像。飞行员脑区间的纤维束连接情况可以作为设计神经网络信息流向的依据。

4.1 DSI纤维跟踪原理介绍

与DTI相比,DSI具有更加精确的空间分辨能力,并且可以精确追踪出白质内的交叉纤维。DTI假设每个体素内只有一个高斯扩散小室,信号衰减符合单指数衰减模式,由于算法的不足和空间分辨率不足,部分容积效应突出,单个纤维内有多种纤维或纤维交叉的可能性,无法精确追踪出白质内的交叉纤维。基于DSI的纤维跟踪技术成为中等尺度结构解析的重要工具,在微观尺度和宏观尺度之间架起了桥梁,为进一步探知和统合细胞水平以及亚细胞水平的多尺度分析研究提供了可能。

DSI能够有效地弥补扩散张量算法的不足。该技术通过在经典的SE序列中增加空间采样的维度,并在频率空间记录MR信号的频率空间信息,在扩散空间记录弥散梯度的信息,然后利用可视化技术提取扩散特征,可以精确显示复杂交叉走行的纤维和精细的人脑三维脑白质结构,揭示出生物组织的微观结构。DSI与DTI类似,也可以实现纤维跟踪技术。通过规定的算法,在空间上确认体素内扩散运动的定向向量,并将相邻体素间转向角度相似的定向向量按照规则拼接起来,可以实现纤维跟踪技术。DSI利用水分子在白质处的各向异性实现神经纤维的跟踪。

4.2 飞行员全脑脑区连接权值矩阵处理分析步骤

在4个体系医院共获得了296名年龄在40岁以上、具有多年飞行经验的飞行员的脑核磁共振数据。其中,222名飞行员的数据包括DWI序列,74名飞行员的数据包括DSI序列。为进一步分析这些数据,需要将这74名飞行员的头部核磁DSI序列图像Dicom文件格式转换成NIFTI格式。

通过进行格式转换,74名飞行员的DSI序列图像被转换成了NIFTI格式,生成3个新文件:第一个是包含了b值信息的文件;第二个是包含了方向向量信息的文件;第三个是采用压缩格式的NIFTI文件。这样的转换过程使得数据更容易被处理和分析,有助于后续对这些脑核磁数据进行更深入和准确的研究。通过这一举措可以更全面地了解40岁以上有飞行经验飞行员的大脑活动特征,为飞行员的健康状况和认知能力提供更多科学依据。

4.2.1 数据准备

为了分析采集到的74名年龄在40岁以上具有多年飞行经验的飞行员头部核磁图像Dicom文件中的DWI和DSI图像,需要将它们转换成NIFTI格式。转换可以使用如MRIcron的dcm2niigui、spm的DICOM Import、Restplus、MRIConvert等工具。在每个文件夹中需要同时包含一个".bval"文件,一个".bvec"文件和一个".nii.gz"文件。

在".bval"文件中存放着每个采样方向的b值数据。通常,第一个b值为0,后续的b值可能是1000、2400等。".bvec"文件中存放每个采样方向的x、y、z方向向量。这些向量的平方和等于1。".nii.gz"文件是经过压缩的NIFTI格式的图像文件,包含图像本身以及相关的信息。通过这样的转换和准备工作能够更有效地处理和分析这些头部核磁图像数据,并深入研究飞行员大脑活动的特征,为飞行员的健康和认知状态提供更详细的研究依据。

4.2.2 打开软件

打开DSI Studio后,出现图4-1所示的界面,左侧为DSI Studio的功能列表,可以根据弥散谱成像数据自动绘制出可视化的3D图形,进行神经纤维追踪并获取所需的数据。第一步是打开源图像,这些源图像通常是采用4D NIFTI压缩格式保存的文件。在这一步把弥散核磁共振图像转换为SRC文件,SRC文件可以被DSI Studio识别和处理。

在DSI Studio中,打开源图像并将其转换为SRC文件,开始后续的数据处理和分析,包括神经纤维追踪、扩散张量成像等操作。这个过程为进一步探索飞行员大脑结构和功能提供了重要的基础,有助于更全面地理解飞行员大脑活动的特征和变化。通过DSI Studio的功能可以更好地利用弥散核磁共振数据,深入研究神经系统的结构和功能,为航空领域的认知科学研究提供支持和参考。

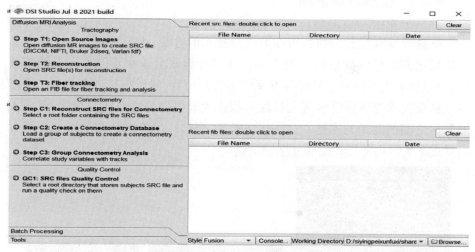

图4-1　DSI　Studio软件界面

第二步使用SRC文件作为输入进行重建操作,将其重建成DTI、QBI、DSI、GQI、QSDR等形式,并可以绘制感兴趣区。根据参数设置,包括Diffusion sampling length ratio设置为1.25,模板选择HCP065,其他参数为默认值。输出结果将是.fib文件(图4-2),得到的.fib文件将包含了重建后的数据,为Fiber Tracking操作做准备。

第三步需要读入被试的.fib文件,然后执行Fiber Tracking操作,并选择整个大脑作为跟踪区域。通过Fiber Tracking操作,可以更好地了解神经纤维的走向和连接情况,深入研究飞行员大脑的结构和功能。这个过程有助于揭示大脑内部神经元之间的相互连接方式,为进一步的认知神经科学研究提供了重要的实验基础。

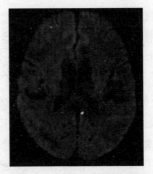

图4-2 脑神经纤维跟踪界面

4.2.3 全脑纤维追踪

全脑纤维追踪是一种利用弥散成像技术的方法,用于获取人体大脑中各个区域之间神经纤维束的三维重建。通过计算水分子在不同方向上的扩散率,利用该方法可以确定神经纤维束的走向和位置,然后将其可视化为三维图像。这项技术能够帮助科研人员深入探索大脑内部的神经连接结构,揭示不同脑区之间的联系与通路。如图4-3所示,全脑纤维追踪的结果以直观的方式展现了大脑内神经纤维的复杂网络结构。

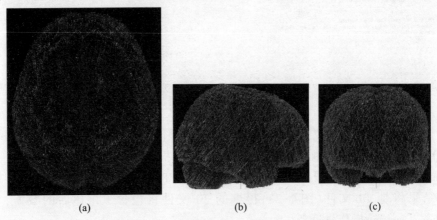

图4-3 (见彩图)脑神经纤维跟踪过程中的轴状位、矢状位、冠状位视图

研究人员通过全脑纤维追踪技术可以更好地理解大脑不同区域之间的连接方式,探索神经通路的路径和特性,并进一步识别与认知功能、感知能力及运动控制等相关的神经回路。这项技术在神经科学研究领域具有广泛的应用前景,为我们深入了解大脑结构与功能提供了重要手段和突破口。

4.2.4 保存权值矩阵

完成一个被试的全脑纤维追踪后,可以在软件中选择"Tracts"选项,并找到"Connectivity matrix",然后保存该被试的连接矩阵。连接矩阵记录了不同脑区之间的神经纤维束连接情况,有助于量化和分析大脑内部的神经网络结构。一旦连接矩阵保存完毕,就可以继续进行下一个被试的纤维追踪。

在完成所有被试的纤维追踪后,可以将所有被试的连接矩阵求平均。通过对多个被试的数据进行平均处理,可以得到更具代表性和稳定性的结果,反映出整个样本群体的神经连接模式。这种求平均的方法可以帮助研究人员更全面地理解大脑的神经网络结构,揭示共性和差异性。求平均后的结果通常可以直观呈现为图表或图像,图4-4展示了整个样本群体的平均连接矩阵,为深入研究大脑功能和认知提供了重要参考。

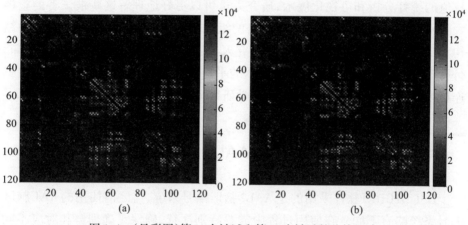

图4-4 (见彩图)第23个被试和第73个被试的连接矩阵

4.3 平均权值矩阵求取方法

对于74名被试者进行纤维追踪并计算连接矩阵后,得到了这些被试者的平均连接权值矩阵。连接权值矩阵反映了不同脑区之间的神经网络连接强度,通过分析这些权值可以深入了解大脑的功能和结构。在这项研究中,通过整合多个被试的数据得到了一个综合的平均连接权值矩阵,如图4-5所示。

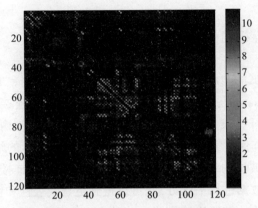

图4-5 （见彩图）74名飞行员AAL2脑区间平均连接纤维数矩阵

在这个平均连接权值矩阵中，每个元素代表着不同脑区之间的连接权重，这些权重反映了各区域之间的神经纤维连接强度或相关性程度。通过对这些权值的统计分析和可视化展示，研究人员可以更好地理解这些被试者的整体大脑网络特征，并探索大脑功能网络的组织方式。这一结果为揭示大脑的结构和功能提供了重要线索，有助于研究人员进一步研究大脑神经网络在认知、行为等方面的作用机制。图4-5所示的平均连接权值矩阵将为深入分析大脑连接模式提供基础，并为认知神经科学研究提供重要参考。

4.4 DSI STUDIO的AAL2脑区编号说明

DSI STUDIO软件采用的是AAL2脑区编号系统，与之前使用的AAL脑区编号系统略有不同。在使用过程中需要特别注意，确保正确理解和对应不同脑区之间的关系。为了帮助用户在使用中更加方便，表4-1列出了AAL2脑区编号系统和之前使用的AAL脑区编号系统的对比。

表4-1 AAL2和AAL灰质脑区名称与编号

AAL2编号	AAL2中文名称	AAL2英文名称	AAL中文名称	AAL编号
1	中央前回L	Precentral_L	中央前回L	1
2	中央前回R	Precentral_R	中央前回R	2
3	背外侧额上回L	Frontal_Sup_2_L	背外侧额上回L	3

续表

AAL2编号	AAL2中文名称	AAL2英文名称	AAL中文名称	AAL编号
4	背外侧额上回R	Frontal_Sup_2_R	背外侧额上回R	4
5	眶内额上回L	Frontal_Mid_2_L	眶部额上回L	5
6	眶内额上回R	Frontal_Mid_2_R	眶部额上回R	6
7	岛盖部额下回L	Frontal_Inf_Oper_L	额中回L	7
8	岛盖部额下回R	Frontal_Inf_Oper_R	额中回R	8
9	三角部额下回L	Frontal_Inf_Tri_L	眶部额中回L	9
10	三角部额下回R	Frontal_Inf_Tri_R	眶部额中回R	10
11	眶部额下回L	Frontal_Inf_Orb_2_L	岛盖部额下回L	11
12	眶部额下回R	Frontal_Inf_Orb_2_R	岛盖部额下回R	12
13	中央沟盖L	Rolandic_Oper_L	三角部额下回L	13
14	中央沟盖R	Rolandic_Oper_R	三角部额下回R	14
15	补充运动区L	Supp_Motor_Area_L	眶部额下回L	15
16	补充运动区R	Supp_Motor_Area_R	眶部额下回R	16
17	嗅皮质L	Olfactory_L	中央沟盖L	17
18	嗅皮质R	Olfactory_R	中央沟盖R	18
19	内侧额上回L	Frontal_Sup_Medial_L	补充运动区L	19
20	内侧额上回R	Frontal_Sup_Medial_R	补充运动区R	20
21	眶内额上回L	Frontal_Med_Orb_L	嗅皮质L	21
22	眶内额上回L	Frontal_Med_Orb_R	嗅皮质R	22
23	回直肌L	Rectus_L	内侧额上回L	23
24	回直肌R	Rectus_R	内侧额上回R	24
25	额中回L	OFCmed_L	眶内额上回L	25
26	额中回R	OFCmed_R	眶内额上回R	26
27	OFCant_L	OFCant_L	回直肌L	27

续表

AAL2编号	AAL2中文名称	AAL2英文名称	AAL中文名称	AAL编号
28	OFCant_R	OFCant_R	回直肌R	28
29	OFCpost_L	OFCpost_L	脑岛L	29
30	OFCpost_R	OFCpost_R	脑岛R	30
31	OFClat_L	OFClat_L	前扣带和旁扣带脑回L	31
32	OFClat_R	OFClat_R	前扣带和旁扣带脑回R	32
33	脑岛L	Insula_L	内侧和旁扣带脑回L	33
34	脑岛R	Insula_R	内侧和旁扣带脑回R	34
35	前扣带和旁扣带脑回L	Cingulum_Ant_L	后扣带回L	35
36	前扣带和旁扣带脑回R	Cingulum_Ant_R	后扣带回R	36
37	内侧和旁扣带脑回L	Cingulum_Mid_L	海马L	37
38	内侧和旁扣带脑回R	Cingulum_Mid_R	海马R	38
39	后扣带回L	Cingulum_Post_L	海马旁回L	39
40	后扣带回R	Cingulum_Post_R	海马旁回R	40
41	海马L	Hippocampus_L	杏仁核L	41
42	海马R	Hippocampus_R	杏仁核R	42
43	海马旁回L	ParaHippocampal_L	距状裂周围皮层L	43
44	海马旁回R	ParaHippocampal_R	距状裂周围皮层R	44
45	杏仁核L	Amygdala_L	楔叶L	45
46	杏仁核R	Amygdala_R	楔叶R	46
47	距状裂周围皮层L	Calcarine_L	舌回L	47
48	距状裂周围皮层R	Calcarine_R	舌回R	48
49	楔叶L	Cuneus_L	枕上回L	49
50	楔叶R	Cuneus_R	枕上回R	50
51	舌回L	Lingual_L	枕中回L	51

续表

AAL2编号	AAL2中文名称	AAL2英文名称	AAL中文名称	AAL编号
52	舌回R	Lingual_R	枕中回R	52
53	枕上回L	Occipital_Sup_L	枕下回L	53
54	枕上回R	Occipital_Sup_R	枕下回R	54
55	枕中回L	Occipital_Mid_L	梭状回L	55
56	枕中回R	Occipital_Mid_R	梭状回R	56
57	枕下回L	Occipital_Inf_L	中央后回L	57
58	枕下回R	Occipital_Inf_R	中央后回R	58
59	梭状回L	Fusiform_L	顶上回L	59
60	梭状回R	Fusiform_R	顶上回R	60
61	中央后回L	Postcentral_L	顶下缘角回L	61
62	中央后回R	Postcentral_R	顶下缘角回R	62
63	顶上回L	Parietal_Sup_L	缘上回L	63
64	顶上回R	Parietal_Sup_R	缘上回R	64
65	顶下缘角回L	Parietal_Inf_L	角回L	65
66	顶下缘角回R	Parietal_Inf_R	角回R	66
67	缘上回L	SupraMarginal_L	楔前叶L	67
68	缘上回R	SupraMarginal_R	楔前叶R	68
69	角回L	Angular_L	中央旁小叶L	69
70	角回R	Angular_R	中央旁小叶R	70
71	楔前叶L	Precuneus_L	尾状核L	71
72	楔前叶R	Precuneus_R	尾状核R	72
73	中央旁小叶L	Paracentral_Lobule_L	豆状壳核L	73
74	中央旁小叶R	Paracentral_Lobule_R	豆状壳核R	74
75	尾状核L	Caudate_L	豆状苍白球L	75

续表

AAL2编号	AAL2中文名称	AAL2英文名称	AAL中文名称	AAL编号
76	尾状核R	Caudate_R	豆状苍白球R	76
77	豆状壳核L	Putamen_L	丘脑L	77
78	豆状壳核R	Putamen_R	丘脑R	78
79	豆状苍白球L	Pallidum_L	颞横回L	79
80	豆状苍白球R	Pallidum_R	颞横回R	80
81	丘脑L	Thalamus_L	颞上回L	81
82	丘脑R	Thalamus_R	颞上回R	82
83	颞横回L	Heschl_L	颞上回	83
84	颞横回R	Heschl_R	颞上回R	84
85	颞上回L	Temporal_Sup_L	颞中回L	85
86	颞上回R	Temporal_Sup_R	颞中回R	86
87	颞上回	Temporal_Pole_Sup_L	颞中回	87
88	颞上回R	Temporal_Pole_Sup_R	颞中回R	88
89	颞中回L	Temporal_Mid_L	颞下回L	89
90	颞中回R	Temporal_Mid_R	颞下回R	90
91	颞中回	Temporal_Pole_Mid_L	小脑脚1L	91
92	颞中回R	Temporal_Pole_Mid_R	小脑脚1R	92
93	颞下回L	Temporal_Inf_L	小脑脚2L	93
94	颞下回R	Temporal_Inf_R	小脑脚2R	94
95	小脑脚1L	Cerebelum_Crus1_L	小脑3L	95
96	小脑脚1R	Cerebellum_Crus1_R	小脑3R	96
97	小脑脚2L	Cerebellum_Crus2_L	小脑45L	97
98	小脑脚2R	Cerebelum_Crus2_R	小脑45R	98
99	小脑3L	Cerebellum_3_L	小脑6L	99

续表

AAL2编号	AAL2中文名称	AAL2英文名称	AAL中文名称	AAL编号
100	小脑3R	Cerebellum_3_R	小脑6R	100
101	小脑45L	Cerebellum_4_5_L	小脑7bL	101
102	小脑45R	Cerebellum_4_5_R	小脑7bR	102
103	小脑6L	Cerebellum_6_L	小脑8L	103
104	小脑6R	Cerebelum_6_R	小脑8 R	104
105	小脑7bL	Cerebellum_7b_L	小脑9L	105
106	小脑7bR	Cerebellum_7b_R	小脑9R	106
107	小脑8L	Cerebellum_8_L	小脑10L	107
108	小脑8R	Cerebellum_8_R	小脑10R	108
109	小脑9L	Cerebellum_9_L	(小脑的)蚓体12	109
110	小脑9R	Cerebellum_9_R	(小脑的)蚓体3	110
111	小脑10L	Cerebellum_10_L	(小脑的)蚓体54	111
112	小脑10R	Cerebellum_10_R	(小脑的)蚓体6	112
113	(小脑的)蚓体12	Vermis_1_2	(小脑的)蚓体7	113
114	(小脑的)蚓体3	Vermis_3	(小脑的)蚓体8	114
115	(小脑的)蚓体54	Vermis_4_5	(小脑的)蚓体9	115
116	(小脑的)蚓体6	Vermis_6	(小脑的)蚓体10	116
117	(小脑的)蚓体7	Vermis_7		
118	(小脑的)蚓体8	Vermis_8		
119	(小脑的)蚓体9	Vermis_9		
120	(小脑的)蚓体10	Vermis_10		

通过对比表4-1中的脑区编号系统对应关系,可以清晰地了解AAL2和AAL脑区编号之间的差异,确保在数据处理和分析过程中选择正确的脑区标记。这种对照表的提供有助于避免混淆和错误,同时也提供了跨不同脑区编号系统的便捷转换方式。在进行脑图的创建、区域感兴趣的定义以及连接模

式的分析等操作时，用户可以根据具体的研究需求正确选择和应用相应的脑区编号系统。

使用DSI Studio计算连接矩阵时，需要使用AAL2灰质脑区模板（有120个编号的脑区），与SPM软件和VBM中使用的灰质脑区模板AAL（有116个编号）不同，这两种模板之间存在编号差异。在本情况下，AAL2脑区模板的编号是通过读取软件内部文件整理出来的，目前尚未在互联网上发现可供共享的相关信息。

脑区之间的连接强度主要由它们之间连接的纤维束数量来决定，因此评估脑区之间的连接强度需要计算连接纤维束的数量。在神经网络分析中，这种连接的权值通常用于表示脑区之间的功能或解剖上的连接强度，从而人们可以更深入地了解大脑的信息传递和协调机制。通过基于连接纤维束的数量对脑区之间的连接强度进行评估，可以揭示出神经网络中的重要节点、通路，以及节点之间的交互关系，为理解大脑结构和功能提供重要线索。

综上所述，在进行脑区连接研究时使用AAL2灰质脑区模板并计算连接纤维束的数量是至关重要的步骤，这有助于揭示不同脑区之间的连接模式和强度，从而促进大脑网络的全面分析和理解。

第5章
飞行潜力评估算法

评估招飞对象飞行潜力的匹配算法：首先判断待选拔对象是否具有和成熟飞行员一样突出的脑区，并计算每个脑区占总体积的百分比与成熟飞行员相应数据的符合程度；其次判断待选拔对象的116个脑区体积的总体分布曲线与成熟飞行员的116个脑区体积分布曲线的符合度；最后将两部分得分综合起来给出一个总的飞行潜质评分。

为了节省人力成本，并方便后续对评分方法进行更新、修正和扩展，该算法采用机器学习的方法进行判定。这意味着，可以将脑区的特征数据及其标签作为训练和验证的数据集，在训练好的网络中将待选拔对象的脑区特征数据作为机器学习的输入，并输出适合飞行的脑区特征符合度的评分，以此评估待选对象的飞行潜质大小。

5.1 算法概述与介绍

本算法研究的主要内容（图5-1）：一是对具有多年飞行经验的飞行员的灰质脑区进行研究。使用磁共振中的T_1序列图像，找出成熟飞行员群体与普通人群体有显著差异的灰质脑区特征。二是对具有多年飞行经验的飞行员脑区间白质连接的研究。使用MRI的DTI和DSI序列图像来追踪飞行员灰质脑区间的白质连接，并计算其脑区间的连接强度，以找到飞行脑的白质连接特征。三是对多年飞行经验飞行员脑区及其连接特征的提取的机器学习网络的研究。通过对具有多年飞行经验的飞行员脑特征与对照组相关特征提取，制作标签数据，作为训练和验证机器学习网络的数据。在训练好的机器学习网络中，可以研究评估飞行潜力的大小。对待选拔对象的脑部核磁图像的脑区及其连接特征进行抽取，输入到机器学习网络中，计算招飞对象的飞行潜力大小。四是算法的实现和应用。将前三部分的研究成果应用到实际的招飞对象飞行潜力评估中,通过机器学习网络对待选拔对象进行评估,并给出相应的飞行潜力评分。

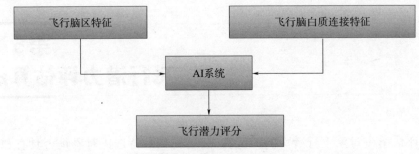

图 5-1 算法主要内容

算法研究的目标:一是通过脑部磁共振数据筛选出更具有飞行潜力的飞行员。通过核磁图像数据得出飞行员群体的脑特征,其中一方面是通过磁共振序列中的 T_1 结构像找出成熟飞行员群体与普通人群体有显著差异的灰质脑区。通过采用一系列处理与分析方法和手段,得到的飞行员飞行潜力评估结果更加客观、准确,从而为选拔更优秀的飞行员提供科学依据。二是旨在得到飞行职业群体具有的脑区和脑区间连接特征,通过 DWI 和 DSI 序列图像对飞行员脑白质纤维追踪得出脑连接特征。三是设计招飞飞行潜力评估的机器学习网络架构,并完成模型训练,从而得到飞行潜力评估的计算模型。研究待选拔对象的脑特征与成熟飞行员灰质脑特征匹配算法,其中包括脑区体积分布曲线和脑区之间连接的特征提取,机器学习对待选拔对象飞行潜质的评分算法设计和网络训练,以及利用元分析方法找出飞行员优势脑区的训练方法。该模型可用于对待选拔对象进行评估,为选拔更优秀的飞行员提供科学依据,同时也有助于更深入地理解飞行员的认知与执行机制。

5.2 机器学习在飞行潜力评估中的应用

通过对待选拔对象的脑部核磁图像数据进行处理和分析,提取出脑区的密度曲线特征。同时,还可以对具有多年飞行经验的飞行员的脑部核磁图像数据进行同样的处理。然后,比较待选拔对象的脑区密度曲线与飞行员的脑区密度曲线的相似性,判断待选拔对象的飞行潜力大小。

在进行相似性比较之前,需要先对每人的脑密度数据进行归一化处理,以消除个体差异和数据采集过程中的系统误差带来的影响。归一化处理可以消除系统误差,使得个体之间的脑区密度数据具有可比性,从而更准确地评估待选拔对象的飞行潜力。通过基于脑区密度曲线的相似性判定方法,结合归一化处理,可以更准确地评估待选拔对象的飞行潜力,并根据评估结果为选拔更优秀的飞行员提供科学依据。这一方法有助于避免主观因素的干扰,提高选拔飞行员的准确性和科学性,为航空人才培养和选拔提供重要支持。

5.2.1 机器学习概述

机器学习是一种人工智能的分支领域,其主要目标是设计和开发能够从数据中学习和自动改进的算法和模型。机器学习又分为传统机器学习和深度学习两个主要分支。

1. 机器学习

人工智能(artificial intelligence,AI)是研究、开发用于模拟、延伸和扩展人的智能的理论、方法、技术及应用系统的一门新的技术科学。人工智能是一个笼统而宽泛的概念,它的最终目标是使计算机能够模拟人的思维方式和行为。20世纪50年代,人工智能开始兴起,但是受数据和硬件设备等限制,当时发展缓慢。

机器学习(machine learning,ML)是人工智能的子集,是实现人工智能的一种途径,但不是唯一途径。它是一门专门研究计算机怎样模拟或实现人类的学习行为,以获取新的知识或技能,重新组织已有的知识结构使之不断改善自身的性能的学科。20世纪80年代,诞生了一大批与数学统计相关的机器学习模型。

深度学习是机器学习的子集,灵感来自人脑,由人工神经网络(ANN)组成,它模仿人脑中存在的相似结构。在深度学习中,学习是通过相互关联的"神经元"的一个深层的、多层的"网络"来进行的。"深度"通常是指神经网络中隐藏层的数量。2012年以后深度学习爆炸式增长,广泛应用在很多的场景中。

机器学习研究的是计算机怎样模拟人类的学习行为,以获取新的知识或技能,并重新组织已有的知识结构,使之不断改善自身。

从实践的意义上来说,机器学习是在大数据的支撑下,通过各种算法让机器对数据进行深层次的统计分析以进行"自学",使得人工智能系统获得了归纳推理和决策能力。计算机模拟人类的学习行为,以获得新的知识或技能,并重新组织已有的知识结构,使其不断改变自身(图5-2)。

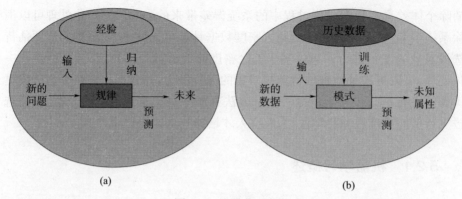

图 5-2　机器学习定义

经典的垃圾邮件过滤应用使用机器学习技术来识别和过滤垃圾邮件。机器学习是一种人工智能领域的技术，它通过训练算法来使计算机自动学习和改进。在垃圾邮件过滤应用中，机器学习算法会通过分析已知的垃圾邮件和非垃圾邮件样本，学习识别垃圾邮件的模式和特征，如图 5-3 所示。

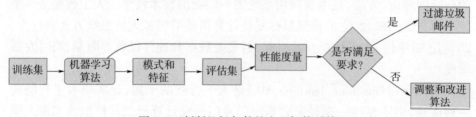

图 5-3　判断垃圾邮件的人工智能系统

在机器学习的定义中，T 代表训练集，用于训练机器学习算法的数据集合，在垃圾邮件过滤应用中，训练集包含已知的垃圾邮件和非垃圾邮件样本。E 代表评估集，用于评估机器学习算法在训练后的性能，评估集是另外一个独立的数据集，它包含一些未被算法用于训练的样本；P 代表性能度量，用于衡量机器学习算法的性能，在垃圾邮件过滤应用中，常用的性能度量有准确率、精确率、召回率等。

首先使用训练集进行训练，垃圾邮件过滤应用的机器学习算法可以学习到识别垃圾邮件的模式和特征；然后使用评估集来评估算法在未知样本上的表现，根据性能度量来判断算法的效果，并进行必要的调整和改进；最后经过训练和评估，垃圾邮件过滤应用可以自动地识别和过滤垃圾邮件。

2. 机器学习三要素

机器学习包括数据、模型、算法，三要素之间的关系如图 5-4 所示。

图 5-4　机器学习三要素

数据驱动是指基于客观的量化数据,通过主动数据的采集分析以支持决策。与之相对的是经验驱动。数据驱动过程如图 5-5 所示。

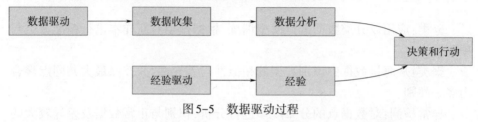

图 5-5　数据驱动过程

在人工智能数据驱动的范畴内,模型指的是基于数据 X 做决策 Y 的假设函数,可以有不同的形态,计算型和规则型等。

算法是指学习模型的具体计算方法。统计学习基于训练数据集,根据学习策略,从假设空间中选择最优模型,最后考虑用什么样的计算方法求解最优模型。这通常是一个最优化的问题。模型和算法关系如图 5-6 所示。

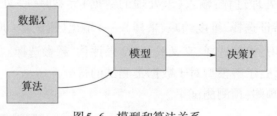

图 5-6　模型和算法关系

3. 机器学习发展历程

"人工智能"一词最早出现在 1956 年,用于探索一些问题的有效解决方案。1960 年,美国国防部借助"神经网络"训练计算机模仿人类的推理过程。

2010 年之前,谷歌、微软等科技巨头改进了机器学习算法,将查询的准确度提升到了新的高度。随着数据量的增加、先进的算法、计算和存储容量的提高,机器学习得到了进一步发展。

4. 机器学习核心技术

机器学习核心技术如图5-7所示。

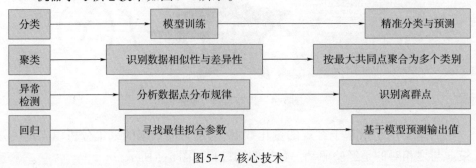

图5-7 核心技术

分类：应用以分类数据进行模型训练，根据模型对新样本进行精准分类与预测。

聚类：从海量数据中识别数据的相似性与差异性，并按照最大共同点聚合为多个类别。

异常检测：对数据点的分布规律进行分析，识别与正常数据及差异较大的离群点。

回归：根据对已知属性值数据的训练，为模型寻找最佳拟合参数，基于模型预测新样本的输出值。

5. 机器学习基本流程

机器学习基本流程（图5-8）如下：

（1）数据预处理过程：输入（未处理的数据+标签）——→处理过程（特征处理+幅度缩放、特征选择、维度约减、采样）——→输出（测试集+训练集）。

（2）模型学习：模型选择、交叉验证、结果评估、超参选择。

（3）模型评估：了解模型对于数据集测试的得分。

（4）新样本预测：预测测试集。

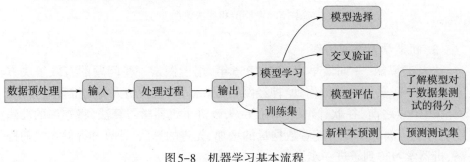

图5-8 机器学习基本流程

6. 机器学习应用场景

机器学习作为一套数据驱动的方法已广泛应用于数据挖掘、计算机视觉、自然语言处理、生物特征识别、搜索引擎、医学诊断、检测信用卡欺诈、证券市场分析、DNA序列测序、语音和手写识别和机器人等领域。

1) 数据挖掘

人工智能在数据挖掘中有广泛的应用场景,包括但不限于金融、电子商务和社交媒体等领域,如图5-9所示。在金融行业中,人工智能可以通过分析大量的金融数据,进行风险评估、信用评级和投资组合优化,预测股票价格变动趋势,帮助投资者做出更明智的决策。同时,人工智能还可以在欺诈检测和反洗钱方面发挥作用,帮助金融机构提高交易安全和防范风险。在电子商务领域,人工智能可以通过分析用户行为和购买历史,实现个性化推荐和精准营销,提高用户体验和销售转化率。此外,人工智能还可以应用于售后服务,通过自动化客户支持和智能回复系统提供更好的用户支持。在社交媒体领域,人工智能可以通过分析用户的社交互动和内容产生,实现情感分析、事件检测和舆情监测。这有助于企业和政府了解公众意见和市场动态,以便制定更好的营销策略和舆论管理措施。

这些只是人工智能在数据挖掘中的一部分应用场景,在实际应用中还有很多其他领域和具体问题可以运用人工智能技术来提供解决方案,如图5-9所示。

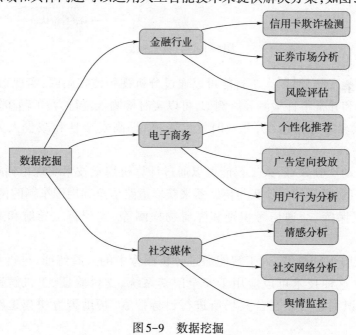

图5-9 数据挖掘

2)计算机视觉

人工智能在计算机视觉中的应用有智能安防、自动驾驶和人脸识别,如图5-10所示。

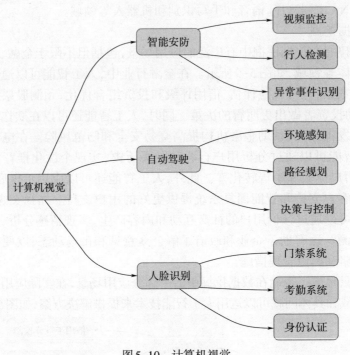

图5-10 计算机视觉

在智能安防领域,人工智能可以通过分析视频监控画面,实现物体检测、行为分析和异常事件检测等。例如,可以实时检测入侵行为、车辆违规停放或者火灾烟雾等异常情况,并及时发出警报,提高安全性和减少人力监测的需求。

在自动驾驶领域,人工智能可以通过计算机视觉技术实现车辆感知和环境识别。例如,使用摄像头与传感器来获取道路信息和周围车辆的位置,从而进行车道保持、交通信号识别和障碍物检测等,实现自主导航和避免交通事故。

在人脸识别领域,人工智能通过分析图像中的人脸特征,进行身份验证和识别。这种技术可以应用于安全门禁系统、支付验证、手机解锁等。此外,人脸识别还可以在公共场所进行目标搜索,帮助警方快速追踪犯罪嫌疑人。

3）自然语言处理

人工智能在自然语言处理中的应用有智能助手、情感分析和文本分类,如图5-11所示。

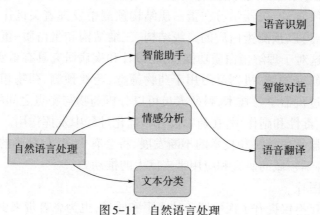

图5-11　自然语言处理

人工智能可以通过语音识别和自然语言理解技术,使得智能助手能够理解人类语言,并回答用户的问题或提供相关的信息。例如,智能助手可以在手机或智能音箱上回答天气查询、交通导航、日程提醒等问题。人工智能可以通过分析文本中的语义和情感倾向,判断出其中的情感态度,如积极、消极或中性。这可应用于社交媒体监测、品牌声誉管理、市场调研等领域,帮助企业了解用户情感和舆论动向。人工智能可以通过机器学习和深度学习技术,对文本进行分类和归类。例如,可以将新闻文章分为不同的主题类别,或将电子邮件归类为垃圾邮件或常规邮件。这在信息组织、数据管理和内容过滤等方面非常有用。

4）生物特征识别

机器学习在生物特征识别的领域中的应用有基因组学、蛋白质结构预测和药物发现,如图5-12所示。

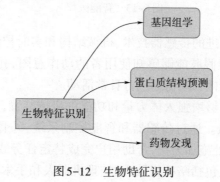

图5-12　生物特征识别

机器学习广泛应用于基因组学领域,帮助分析和解释基因组数据。通过机器学习算法,可以对基因序列进行分类、聚类和预测,发现潜在的基因功能、关联和突变。这有助于了解基因间的相互作用、基因调控、疾病与基因的相关性等方面。

在蛋白质领域,机器学习在蛋白质结构预测中发挥着关键作用。通过机器学习算法,可以预测蛋白质的二级结构、三维结构和蛋白质–蛋白质相互作用等信息。这对于理解蛋白质功能、药物设计和疾病研究具有重要意义。

在药物研究领域,机器学习用于药物筛选、药效预测、药物相互作用预测等任务。通过机器学习技术,科研人员可以分析药物与靶点之间的关系,预测药物的效果、毒性和副作用,在药物设计和优化过程中发挥作用。

随着机器学习算法和技术的不断发展,将会有更多、更精确的应用场景涌现,为生命科学领域的研究和应用带来巨大的推动力。

5) 智能医疗

智能医疗不仅提升了医疗服务的水平和质量,也为患者带来更好的医疗体验,如智能假肢、外骨骼、医疗保健机器人、手术机器人、智能健康管理(图5-13)。

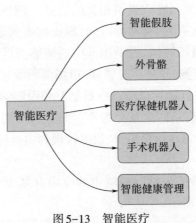

图5-13　智能医疗

智能假肢利用先进的传感器技术、机械结构和实时控制系统,帮助截肢者恢复肢体功能。智能假肢能够感知使用者的动作意图,并做出相应的动作响应,让使用者能够更自然、顺畅地进行日常活动。

外骨骼是一种能够增强人体力量和功能的机械装置,广泛用于康复治疗、劳动帮助和军事领域。通过传感器和智能控制系统,外骨骼可以感知用户的动作意图,并在关节处施加力量,帮助用户完成特定任务或恢复肌肉功能。

医疗保健机器人包括陪护机器人、护理机器人和手术辅助机器人等,为医护人员提供支持和帮助。这些机器人可以监测患者的生理参数、提供日常护理、执行特定医疗任务,减轻医护人员的工作负担,提高医疗效率。

手术机器人是一种精密的机器人系统,可以协助医生进行微创手术。手术机器人通过高清摄像头、机械臂和智能控制系统,实现对手术区域的高精度操作,减少手术风险、提高手术成功率,并缩短患者的康复时间。

智能健康管理结合传感器技术、云计算和人工智能,可以监测和分析个体的健康数据,提供个性化的健康管理方案。通过远程监测、智能诊断和提供健康建议,智能健康管理系统可以帮助个人和医护人员更好地管理和维护健康。

这些医疗技术的发展与应用为改善医疗服务提供了新的途径,有效地提升了患者的生活质量和医疗体验,并为医疗行业的未来发展带来了更多可能性。

6)人脸识别

人脸识别应用于门禁系统、考勤系统、人脸识别防盗门、电子护照及身份证,另外还可以利用人脸识别系统和网络搜捕逃犯。

7)机器人的控制领域

如图5-14所示,工业机器人、机械臂、多足机器人、扫地机器人和无人机等是现代机器人技术的重要应用领域,它们在不同领域发挥着关键作用,提高了工作效率、降低成本,并为人类创造了更安全和舒适的生活环境。

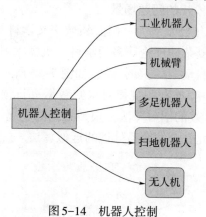

图5-14 机器人控制

5.2.2 机器学习基本名词

1.监督学习

训练集有标记信息,学习方式有分类和回归。

无监督学习:训练集没有标记信息,学习方式有聚类和降维。

强化学习:有延迟和稀疏的反馈标签的学习方式。

2.示例/样本

一条数据集中的数据包含属性/特征:"色泽""根蒂"等。

属性空间/样本空间/输入空间 X:由全部属性张成的空间。

特征向量:空间中每个点对应的一个坐标向量。

标记:关于示例结果的信息,如((色泽=青绿,根蒂=蜷缩,敲声=浊响),好瓜),其中"好瓜"称为标记。

3.分类

预测的是离散值,如"好瓜""坏瓜",此类学习任务称为分类。

假设:学成模型对应了关于数据的某种潜在规律。

真相:潜在规律自身。

学习过程:为了找出或逼近真相。

泛化能力:学得模型适用于新样本的能力。

一般来说,训练样本越大,越有可能通过学习来获得具有强泛化能力的模型。

5.2.3 机器学习算法分类

1. 机器学习算法依托的问题场景

机器学习在近30年已发展为一门多领域交叉学科,涉及概率论、统计学、逼近论、凸分析、计算复杂性理论等多门学科。机器学习理论主要是设计和分析一些让计算机可以自动"学习"的算法,如图5-15所示。机器学习算法从数据中自动分析获得规律,并利用规律对未知数据进行预测。机器学习理论关注可以实现的、行之有效的学习算法。很多推论问题属于无程序可循难度,所以部分的机器学习研究是开发容易处理的近似算法。

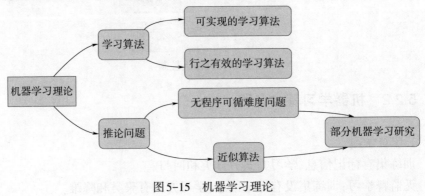

图5-15 机器学习理论

2. 机器学习的主要类别

机器学习的主要类别(图5-16)如下:

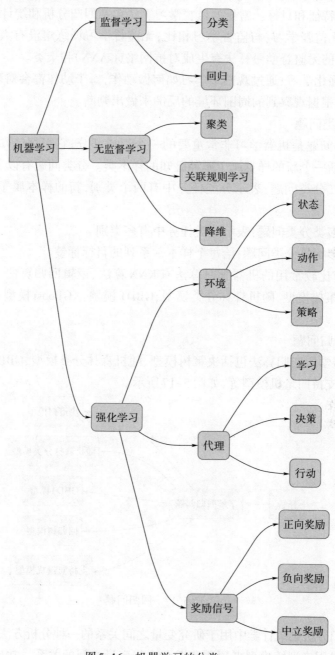

图5-16 机器学习的分类

（1）监督学习：从给定的训练数据集中学习出一个函数，当新的数据到来时，可以根据这个函数预测结果。监督学习的训练集要求包括输入和输出，也可以说是特征和目标。常见的监督学习算法包括回归分析和统计分类。

（2）无监督学习：与监督学习相比，无监督学习训练集没有人为标注的结果。常见的无监督学习算法有生成对抗网络（GANN）和聚类。

（3）强化学习：通过观察来学习如何做动作，每个动作都会对环境有影响，学习对象根据观察到的周围环境的反馈来做出判断。

3.分类问题

分类问题是机器学习非常重要的一个组成部分，它根据已知样本的某些特征，判断一个新的样本属于哪种已知的样本类。分类问题有以下三种：

（1）二分类问题：表示分类任务中有两个类别，新的样本属于哪种已知的样本类。

（2）多类分类问题：表示分类任务中有多类别。

（3）多标签分类问题：给每个样本一系列的目标标签。

目前比较常用的机器学习算法有KNN算法、逻辑回归算法、朴素贝叶斯算法、决策树模型、随机森林分类模型、GBDT模型、XGBoost模型、支持向量机模型等。

4.回归问题

机器学习回归算法包括决策树模型、随机森林分类模型、GBDT模型、回归树模型、支持向量机模型等，如图5-17所示。

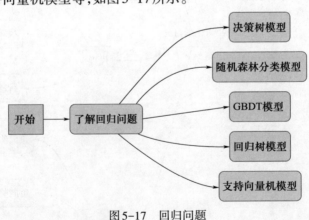

图5-17　回归问题

回归分析是统计学中用于研究变量之间关系的一种分析方法，而人工智能算法可以用来训练模型来预测和拟合这些变量之间的关系。常见的人工智能算法用于回归问题包括线性回归、GBDT回归、支持向量回归、决策树回归、随机森林回归、神经网络回归等。这些算法可以用来拟合数据、预测趋势、发现变量之间的相关性,并在实际应用中对回归问题进行求解。通过人工智能算法,可以更好地理解和预测数据之间的关系,从而在实践中解决各种回归问题,可以用来预测飞行员飞行潜力。在使用人工智能算法解决回归问题时,需要注意数据质量、特征选择、模型评估等一系列步骤,以确保模型的准确性和可靠性。

5. 聚类问题

常见的聚类算法有以下四种:

(1)K均值聚类算法:基于距离的聚类算法,它将数据集分为K个簇。该算法通过迭代计算每个数据点与其最近的质心的距离,并将数据点分配到最近的质心所属的簇。

(2)层次聚类算法:根据数据之间的相似性将数据集组织成树状结构。它可以通过自底向上(聚合)或自顶向下(分裂)的方式进行聚类。

(3)密度聚类算法:将数据点聚类成具有高密度的区域,并将低密度区域视为噪声或边界点。最常见的密度聚类算法是基于密度带噪声的空间聚类算法(Density-based spatial clustering of Applications with Noise,DBSCAN)。

(4)谱聚类算法

谱聚类算法:通过将数据集的相似性转换为图的拉普拉斯矩阵,然后对拉普拉斯矩阵进行特征分解来实现聚类。谱聚类在处理非球形簇和噪声数据时表现较好。

每种算法都有其适用的场景和优、缺点,需要根据数据特征、聚类目标和算法的性能来进行评估和选择聚类算法。

6. 降维问题

主成分分析(principal component analysis,PCA)是一种常见的降维算法,它可以将高维数据降为低维数据,同时保留原始数据中的最重要的信息,降维过程如图5-18所示。

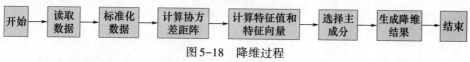

图5-18　降维过程

5.2.4　机器学习模型评估与选择

1. 机器学习与数据拟合

机器学习最典型的监督学习为分类与回归问题。分类问题中,学习出来一条"决策边界"完成数据区分;在回归问题中,学习出拟合样本分布的曲线。

2. 训练集与数据集

1)训练集(trainingSet)

帮助训练模型,简单地说就是通过训练集的数据确定拟合曲线的参数。

2)测试集(testSet)

为了测试已经训练好的模型的精确度。当然,测试集并不能保证模型的正确性,只是说相似的数据用此模型会得出相似的结果。因为在训练模型的时候,参数是根据现有训练集里的数据进行修正、拟合,有可能会出现过拟合的情况,即这个参数仅对训练集里的数据拟合比较准确,这个时候再有一个数据需要利用模型预测结果,准确率可能就会很差。

3. 经验误差

在训练集的数据上进行学习。模型在训练集上的误差称为"经验误差"(empirical error)。但是经验误差并不是越小越好,因为希望在新的没有见过的数据上,也能有好的预估结果。

4. 过拟合

过拟合如图5-19所示,指的是模型在训练集上表现得很好,但是在交叉验证集合测试集上表现一般,也就是说模型对未知样本的预测表现一般,泛化(generalization)能力较差。

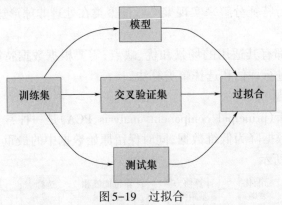

图5-19 过拟合

如何防止过拟合呢?一般的方法有 Early Stopping、数据集扩增(data augmentation)、正则化、Dropout 等。

1)正则化

正则化指的是在目标函数后面添加一个正则化项,一般有 L1 正则化与 L2 正则化。L1 正则是基于 L1 范数,即在目标函数后面加上参数的 L1 范数和项,即参数绝对值和与参数的积项。

2）数据集扩增

数据集扩增需要得到更多的符合要求的数据,即和已有的数据是独立同分布的,或者近似独立同分布的。一般方法有:从数据源头采集更多数据、复制原有数据并加上随机噪声、重采样、根据当前数据集估计数据分布参数,使用该分布产生更多数据等。

3）DropOut

通过修改神经网络本身结构来实现。

5. 偏差

偏差(bias)通常指的是模型拟合的偏差程度。给定无数套训练集而期望拟合出来的模型就是平均模型。偏差就是真实模型和平均模型的差异。简单模型是一组直线,平均之后得到的平均模型是一条直的虚线,与真实模型曲线的差别较大。因此,简单模型通常高偏差。复杂模型是一组起伏很大的波浪线,平均之后最大值和最小值都会相互抵消,和真实模型的曲线差别较小,因此复杂模型通常低偏差。

6. 方差

方差(variance)通常指的是模型的平稳程度(简单程度)。简单模型对应的函数如出一辙,都是水平直线,而且平均模型的函数也是一条水平直线,因此简单模型的方差很小,并且对数据的变动不敏感。复杂模型对应的函数千奇百怪,毫无任何规则,但平均模型的函数也是一条平滑的曲线,因此复杂模型的方差很大,并且对数据的变动很敏感。

7. 偏差与方差的平衡

偏差(bias)和方差(variance)是机器学习中两个重要的概念,它们描述了模型的预测能力。偏差是指模型在训练数据上的预测结果与真实结果之间的差异。一个高偏差的模型可能会过度简化问题,无法捕捉到数据中的复杂关系,导致欠拟合(underfitting)的问题。方差是指模型在不同训练数据上的预测结果的变化程度。一个高方差的模型对训练数据过于敏感,可能会过度拟合(overfitting)训练数据,导致在新数据上的泛化能力不佳。

平衡偏差和方差意味着找到一个模型能够同时降低偏差和方差,以达到更好的预测性能。这可以通过调整模型的复杂度来实现。当模型过于简单时,容易出现高偏差的问题;而当模型过于复杂时,容易出现高方差的问题。有几种方法可以平衡偏差和方差:①增加数据量。更多的数据可以帮助模型更好地学习数据中的模式,减少方差;②特征选择或提取。选择最相关的特征或进行特征提取,可以减少模型的复杂度,降低方差;③正则化。通过引入正则化项来约束模型的复杂度,防止过拟合,降低方差;④集成方法。使用多个模型的组合,如随机森林或梯度提升树等,可以平衡偏差和方差,提高整体的预测性能。在实际应用中,需要根据具体问题和数据集的情况来选择适当的方法,以平衡偏差和方差,并得到较好的模型性能。

8. 性能度量指标

性能度量是衡量模型泛化能力的数值评价标准,反映了当前问题(任务需求)。使用不同的性能度量可能会导致不同的评判结果。

1)回归问题

关于模型"好坏"的判断,不仅取决于算法和数据,还取决于当前任务需求。回归问题常用的性能度量指标有平均绝对误差、均方误差、均方根误差、R平方等。

平均绝对误差(mean absolute error,MAE)又称平均绝对离差,是所有标签值与回归模型预测值的偏差的绝对值的平均。

平均绝对百分误差(mean absolute percentage error,MAPE)是对MAE的一种改进,考虑了绝对误差相对真实值的比例。

均方误差(mean square error,MSE)相对于平均绝对误差而言,均方误差求的是所有标签值与回归模型预测值的偏差的平方的平均。

均方根误差(root-mean-square error,RMSE)也称标准误差,是在均方误差的基础上进行开方运算,RMSE会被用来衡量观测值同真值之间的偏差。

R平方,决定系数,反映因变量的全部变异能通过目前的回归模型被模型中的自变量解释的比例。比例越接近于1,表示当前的回归模型对数据的解释越好,越能精确描述数据的真实分布。

2)分类问题

分类问题常用的性能度量指标包括错误率(error rate,ER)、正确率(accuracy)、查准率(precision)、查全率(recall ratio,R)、F_1、ROC曲线、AUC曲线和R平方等。

(1)错误率。分类错误的样本数占样本总数的比例。

(2)精确率。分类正确的样本数占样本总数的比例。

(3)查准率(也称准确率),即在检索后返回的结果中,真正正确的个数占你认为是正确的结果的比例。

(4)查全率(也称召回率),即在检索结果中真正正确的个数,占整个数据集(检索到的和未检索到的)中真正正确个数的比例。

(5)F_1是一个综合考虑查准率与查全率的度量,其基于查准率与查全率的调和平均值,即F_1度量的一般形式F_β值,能表达出对查准率、查全率的不同偏好。

(6)ROC曲线(receiver operating characteristic curve),如图5-20所示,全称是"受试者工作特性曲线"。综合考虑了概率预测排序的质量,体现了学习器在不同任务下的"期望泛化性能"的好坏。ROC曲线的纵轴是"正阳率"(TPR),横轴是"假阳率"(FPR)。

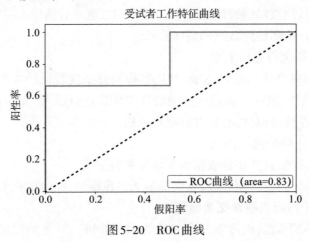

图5-20 ROC曲线

(7)AUC(area under roc curve)是ROC曲线下的面积,代表了样本预测的排序质量。

从一个比较高的角度来认识AUC,仍然以异常用户的识别为例,高的AUC值意味着,模型在能够尽可能多地识别异常用户的情况下,仍然对正常用户有着一个较低的误判率(不会因为为了识别异常用户,而将大量的正常用户误判为异常)。

9. 评估方法

手上没有未知的样本,如何可靠地评估?关键是要获得可靠的"测试集数据"(test set),即测试集(用于评估)应该与训练集(用于模型学习)"互斥"。

常见的评估方法有:留出法(hold-out)、交叉验证法(cross validation)、自助法(boot strap),更详细的内容可见模型评估方法与准则。

1)留出法

留出法(hold-out)是机器学习中最常见的评估方法之一,它会从训练数据中保留出验证样本集,这部分数据不用于训练,而用于模型评估。

2)交叉验证法

机器学习中,另外一种比较常见的评估方法是**交叉验证法**(cross

validation)。k折交叉验证对k个不同分组训练的结果进行平均来减少方差,因此模型的性能对数据的划分就不那么敏感,对数据的使用也会更充分,模型评估结果更加稳定。

3)自助法

自助法(boot strap)是一种用小样本估计总体值的一种非参数方法,在进化和生态学研究中应用十分广泛。

自助法通过有放回抽样生成大量的伪样本,通过对伪样本进行计算,获得统计量的分布,从而估计数据的整体分布。

10. 模型调优与选择准则

希望找到对当前问题表达能力好,且模型复杂度较低的模型。表达力好的模型,可以较好地对训练数据中的规律和模式进行学习;复杂度低的模型,方差较小,不容易过拟合,有较好的泛化表达。

11. 如何选择最优的模型

1)验证集评估选择切分数据为训练集和验证集

对于准备好的候选超参数,在训练集上创建模型,在验证集上评估。

2)网格搜索/随机搜索交叉验证

通过网格搜索/随机搜索产出候选的超参数组。对参数组的每一组超参数,使用交叉验证评估效果。选出效果最好的超参数。

3)贝叶斯优化

基于贝叶斯优化的超参数调优。

5.2.5 机器学习SVM模型

支持向量机(support vector machine,SVM)又名支持向量网络,是在分类与回归分析中分析数据的监督式学习模型与相关的学习算法。给定一组训练实例,每个训练实例被标记为属于两个类别中的一个或另一个,SVM训练算法创建一个将新的实例分配给两个类别之一的模型,使其成为非概率二元线性分类器。SVM模型是将实例表示为空间中的点,这样映射就使得单独类别的实例被尽可能宽的、明显地间隔分开。然后,将新的实例映射到同一空间,并基于它们落在间隔的哪一侧来预测所属类别。

简单地讲,SVM就是一种二类分类模型,它的基本模型是定义在特征空间上的间隔最大的线性分类器,SVM的学习策略就是间隔最大化,如图5-21所示。

图5-21中有分别属于两类的一些二维数据点和3条直线。如果3条直线分别代表3个分类器的话,请问哪一个分类器比较好?凭直观感受应该觉得答案是H_3。首先H_1不能把类别分开,这个分类器肯定是不行的;H_2可以,但分割线与最近的数据点只有很小的间隔,如果测试数据有一些噪声可能就会被H_2错误分类(即对噪声敏感、泛化能力弱)。H_3以较大间隔将它们分开,这样就能容忍测试数据的一些噪声而正确分类,是一个泛化能力不错的分类器。对于SVM来说,数据点若是p维向量,用$p-1$维的超平面来分开这些点。但是,可能有许多超平面可以把数据分类。最佳超平面的一个合理选择就是以最大间隔把两个类分开的超平面。因此,SVM选择能够使离超平面最近的数据点到超平面距离最大的超平面。以上介绍的SVM只能解决线性可分的问题,为了解决更加复杂的问题,SVM学习方法有一些由简至繁的模型。

(1)线性可分SVM。当训练数据线性可分时,通过硬间隔(hard margin,什么是硬、软间隔下面会讲)最大化可以学习得到一个线性分类器,即硬间隔SVM,如图5-21中的H_3。

(2)线性SVM。当训练数据不能线性可分但是可以近似线性可分时,通过软间隔(soft margin)最大化也可以学习到一个线性分类器,即软间隔SVM。

(3)非线性SVM。当训练数据线性不可分时,通过使用核技巧(kernel trick)和软间隔最大化,可以学习到一个非线性SVM。

1. 线性可分SVM——硬间隔

考虑如下形式的线性可分的训练数据集:$(X_1, y_1), (X_2, y_2), \cdots, (X_n, y_n)$,其中$X_i$是一个含有$d$个元素的列向量,即$X_i \in R^d$;$y_i$是标量,$y \in \{+1, -1\}$,$y_i = +1$时表示$X_i$属于正类别,$y_i = -1$时表示$X_i$属于负类别。注:本书中,$X$、$X_i$、$W$等都是(列)向量,有的文章一般用$x_i$表示一个向量而用$X$表示所有$x_i$组成的一个矩阵,注意区分。回忆一下感知机的目标:找到一个超平面使其能正确地将每个样本分类。感知机使用误分类最小的方法求得超平面,不过此时解有无穷多个。而线性可分SVM利用间隔最大化求最优分离超平面,这时解是唯一的。

1)超平面与间隔

一个超平面由法向量W和截距b决定,其方程为$X^TW + b = 0$,可以规定法向量指向的一侧为正类,另一侧为负类。图5-22画出了3个平行的超平面,法方向取左上方向。注意:如果X和W都是列向量,即X^TW会得到X和W的点积(dot product,是一个标量),等价于$X \cdot W$和$W \cdot X$。

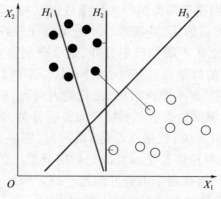

图 5-21　二类分类模型

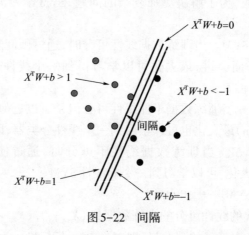

图 5-22　间隔

为了找到最大间隔超平面,可以先选择分离两类数据的两个平行超平面,使得它们之间的距离尽可能大。在这两个超平面范围内的区域称为"间隔"(margin),最大间隔超平面是位于它们正中间的超平面,这个过程如图 5-22 所示。

2)间隔最大化

将高数里面求两条平行直线的距离公式推广到高维,可求得图 5-23 中 margin 的 ρ：$margin = \rho = \dfrac{2}{\|W\|}$

目标是使 ρ 最大,等价于使 ρ^2 最大：$\max\limits_{W,b} \rho \longleftrightarrow \max\limits_{W,b} \rho^2 \longleftrightarrow \min\limits_{W,b} \dfrac{1}{2}\|W\|^2$

上式的 $\dfrac{1}{2}$ 是为了后续求导后刚好能消去,没有其他特殊意义。同时也不要忘了有一些约束条件：$X_i^T W + b \geq +1, y_i = +1, X_i^T W + b \leq -1, y_i = -1$。

总结一下，间隔最大化问题的数学表达就是 $\min\limits_{W,b} J(W) = \min\limits_{W,b} \frac{1}{2}\|W\|^2$，s.t. $y_i(X_i^T W + b) \geq 1, i = 1, 2, \cdots, n$。

通过求解上式即可得到最优超平面 $\hat{W}$ 和 $\hat{b}$。

3）支持向量

在线性可分的情况下，训练数据集的样本点中与分离超平面距离最近的数据点称为支持向量（support vector），支持向量是满足 $y_i(X_i^T W + b = 1)$ 的点。也即所有在直线 $X^T W + b = 1$ 或直线 $X^T W + b = -1$ 的点，如图5-23所示。

在决定最佳超平面时只有支持向量起作用，而其他数据点并不起作用。如果移动非支持向量（图5-24），甚至删除非支持向量都不会对最优超平面产生任何影响。即支持向量对模型起着决定性的作用，这也是SVM名称的由来。

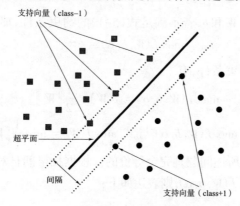

图5-23 支持向量

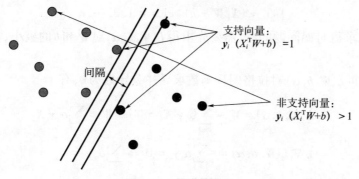

图5-24 非支持向量

4)对偶问题

式(5-1)所述问题为原始问题(primal problem),可以应用拉格朗日乘子法构造拉格朗日函数(lagrange function),再通过求解其对偶问题(dual problem)得到原始问题的最优解:

$$\begin{cases} \min\limits_{W,b} J(W) = \min\limits_{W,b} \dfrac{1}{2}\|W\|^2 \\ \text{s.t. } y_i(X_i^T W + b) \geqslant 1, i = 1, 2, \cdots, n \end{cases} \quad (5\text{-}1)$$

转换为对偶问题来求解的原因是对偶问题更易求解,由下文知对偶问题只需优化一个变量α且约束条件更简单;能更加自然地引入核函数,进而推广到非线性问题。

首先构建拉格朗日函数。为此需要引进拉格朗日乘子(lagrange multiplier)$\alpha_i \geqslant 0$。则拉格朗日函数为

$$L(W,b,\alpha) = \dfrac{1}{2}\|W\|^2 - \sum_{i=1}^{n}\alpha_i[y_i(X_i^T W + b) - 1] \quad (5\text{-}2)$$

因此,给定一个W和b,若不满足式(5-1)的约束条件,那么有

$$\max_{\alpha} L(W,b,\alpha) = +\infty \quad (5\text{-}3)$$

否则,若满足约束条件,有

$$\max_{\alpha} L(W,b,\alpha) = J(W) = \dfrac{1}{2}\|W\|^2 \quad (5\text{-}4)$$

优化问题$\min\limits_{W,b}\max\limits_{\alpha} L(W,b,\alpha)$与式$\min\limits_{W,b} J(W) = \min\limits_{W,b}\dfrac{1}{2}\|W\|^2$, s.t. $y_i(X_i^T W + b) \geqslant 1, i = 1, 2, \cdots, n$所述问题是完全等价的。根据拉格朗日对偶性,原始问题的对偶问题是$\max\limits_{\alpha}\min\limits_{W,b} L(W,b,\alpha)$,则表达如下:

$$\begin{cases} \min\limits_{W,b} J(W) = \min\limits_{W,b} \dfrac{1}{2}\|W\|^2 \\ \text{s.t. } y_i(X_i^T W + b) \geqslant 1, i = 1, 2, \cdots, n \end{cases} \quad (5\text{-}5)$$

为了求得对偶问题的解,需要先求得$L(W,b,\alpha)$对W和b的极小,再求对α的极大。

求$\min\limits_{W,b} L(W,b,\alpha)$:对拉格朗日函数求导并令导数为0,有

$$\nabla_W L(W,b,\alpha) = W - \sum_{i=1}^{n}\alpha_i y_i X_i = 0 \Rightarrow W = \sum_{i=1}^{n}\alpha_i y_i X_i \quad (5\text{-}6)$$

$$\nabla_b L(W,b,\alpha) = -\sum_{i=1}^{n}\alpha_i y_i = 0 \Rightarrow \sum_{i=1}^{n}\alpha_i y_i = 0 \quad (5\text{-}7)$$

将上面两式代入$L(W,b,\alpha)$,得到

$$L(\boldsymbol{W}, b, \alpha) = \frac{1}{2}\|w\|^2 - \sum_{i=1}^{n}\alpha_i[\boldsymbol{y}_i(\boldsymbol{x}_i^{\mathrm{T}}w + b) - 1]$$

$$= \frac{1}{2}\sum_{i=1}^{n}\alpha_i\boldsymbol{y}_i\boldsymbol{x}_i^{\mathrm{T}}\sum_{j=1}^{n}\alpha_j\boldsymbol{y}_j\boldsymbol{x}_j - \sum_{i=1}^{n}\alpha_i\boldsymbol{y}_i\boldsymbol{x}_i^{\mathrm{T}}\sum_{j=1}^{n}\alpha_j\boldsymbol{y}_j\boldsymbol{x}_j - b\sum_{i=1}^{n}\alpha_i\boldsymbol{y}_i + \sum_{i=1}^{n}\alpha_i \quad (5-8)$$

$$= \sum_{i=1}^{n}\alpha_i - \frac{1}{2}\sum_{i=1}^{n}\alpha_i\boldsymbol{y}_i\boldsymbol{x}_i^{\mathrm{T}}\sum_{j=1}^{n}\alpha_j\boldsymbol{y}_j\boldsymbol{x}_j = \sum_{i=1}^{n}\alpha_i - \frac{1}{2}\sum_{i=1}^{n}\alpha_i\boldsymbol{y}_i\boldsymbol{x}_i^{\mathrm{T}}\alpha_j\boldsymbol{y}_j\boldsymbol{x}_j$$

所以,有

$$\min_{\boldsymbol{W},b} L(\boldsymbol{W}, b, \alpha) = -\frac{1}{2}\sum_{i=1}^{n}\sum_{j=1}^{n}\alpha_i\alpha_j\boldsymbol{y}_i\boldsymbol{y}_j\boldsymbol{X}_i^{\mathrm{T}}\boldsymbol{X}_j \quad (5-9)$$

5)求 $\min\limits_{\boldsymbol{W},b} L(\boldsymbol{W}, b, \alpha)$ 对 α 的极大

$\min\limits_{\alpha} \frac{1}{2}\sum_{i=1}^{n}\sum_{j=1}^{n}\alpha_i\alpha_j\boldsymbol{y}_i\boldsymbol{y}_j\boldsymbol{X}_i^{\mathrm{T}}\boldsymbol{X}_j - \sum_{i=1}^{n}\alpha_i$ 同时满足约束条件:$\sum_{i=1}^{n}\alpha_i\boldsymbol{y}_i = 0, \alpha_i \geq 0, (i = 1, 2, \cdots, n)$。至此,得到了原始最优化问题和对偶最优化问题。由 slater 条件知,因为原始优化问题的目标函数和不等式约束条件都是凸函数,并且该不等式约束是严格可行的(因为数据是线性可分的),所以存在 $\hat{\boldsymbol{W}}, \hat{b}, \hat{\alpha}$,使得 $\hat{\boldsymbol{W}}, \hat{b}$,是原始问题的解,$\hat{\alpha}$ 是对偶问题的解。这意味着求解原始最优化问题可以转换为求解对偶最优化问题。slater 条件:原始问题一般性表达为

$$\begin{cases} \min\limits_{\alpha} f(x) \\ \text{s.t. } c_i(x) \leq 0, i = 1, 2, \cdots, k, h_j(x) = 0, j = 1, 2, \cdots, i \end{cases} \quad (5-10)$$

则其拉格朗日函数为 $L(x, \alpha, \beta) = f(x) + \sum_{i=1}^{k}\alpha_i c_i(x) + \sum_{j=1}^{l}\beta_j h_j(x), \alpha_i \geq 0$。假设原始问题目标函数 $f(x)$ 和不等式约束条件 $c_i(x)$ 都是凸函数,原始问题等式约束 $h_j(x)$ 都是仿射函数,且不等式约束 $c_i(x)$ 是严格可行的,即存在 x,对所有 i 都有 $c_i(x) < 0$,则存在 $\hat{x}, \hat{\alpha}, \hat{\beta}$,使 $\hat{x}$ 是原始问题的解,$\hat{\alpha}, \hat{\beta}$ 是对偶问题的解。通用的求解二次规划问题的算法的复杂度正比于训练数据样本数,所以在实际应用中需要寻求更加高效的算法,例如序列最小优化(sequential minimal optimiation,SMO)算法。$\hat{\boldsymbol{W}} = \sum_{i=1}^{n}\hat{\alpha}_i\boldsymbol{y}_i\boldsymbol{X}_i$ 因为至少存在一个 $\hat{\alpha}_j > 0$(若不存在,即 $\hat{\alpha}$ 全为 0,则 $\hat{\boldsymbol{W}} = 0$,即 margin = $\dfrac{2}{\|\hat{\boldsymbol{W}}\|} = \infty$,显然不行),再根据 KKT 条件,即

$$\begin{cases} \text{乘子非负}: \alpha_i \geq 0 (i = 1, 2, \cdots, n. \text{下同}) \\ \text{约束条件}: \boldsymbol{y}_i(\boldsymbol{X}_i^{\mathrm{T}}\boldsymbol{W} + b) - 1 \geq 0 \\ \text{互补条件}: \alpha_i(\boldsymbol{y}_i(\boldsymbol{X}_i^{\mathrm{T}}\hat{\boldsymbol{W}} + \hat{b}) - 1) = 0 \end{cases}$$

所以至少存在一个j,使$y_i(X_i^T W + b) - 1 = 0$,即可求得最优$\hat{b}$:

$$\hat{b} = \frac{1}{y_j} - X_j^T \hat{W} = y_j - X_j^T \hat{W} = y_j - \sum_{i=1}^{n} \hat{\alpha}_i y_i X_j^T X_i \tag{5-11}$$

至此,就求得了整个线性可分SVM的解。求得的分离超平面为:$\sum_{i=1}^{n} \hat{\alpha}_i y_i X^T X_i + \hat{b} = 0$,则分类的决策函数为$f(X) = \text{sign}(\sum_{i=1}^{n} \hat{\alpha}_i y_i X^T X_i + \hat{b})$。再来分析KKT条件里的互补条件,对于任意样本$(X_i, y_i)$,总会有$\alpha_i = 0$或者$y_i f(X_i) = y_i(X_i^T \hat{W} + b) = 1$。则有若$\alpha_i = 0$,此样本点不是支持向量,对模型没有任何作用;若$\alpha_i > 0$,此样本点位于最大间隔边界上,是一个支持向量。

此外,当样本点是非支持向量时,因为$\alpha_i = 0$,所以SVM的解中的求和项中第i项就为0,所以SVM的解可简化为如下形式:

$$\begin{cases} \hat{W} = \sum_{i \in SV} \hat{\alpha}_i y_i X_i \\ \hat{b} = y_j - \sum_{i \in SV} \hat{\alpha}_i y_i X_j^T X_i \end{cases} \tag{5-12}$$

类似地,判别函数也可转换成

$$f(X) = \text{sign}\left(\sum_{i \in SV} \hat{\alpha}_i y_i X^T X_i + \hat{b}\right) \tag{5-13}$$

所以,整个SVM的解只与支持向量SV有关,与非支持向量无关,即在决定最佳超平面时只有支持向量起作用,而其他数据点并不起作用。

2. 线性SVM——软间隔

在前面的讨论中,一直假定训练数据是严格线性可分的,即存在一个超平面能完全将两类数据分开。但是现实任务这个假设往往不成立,例如图5-25所示的数据。

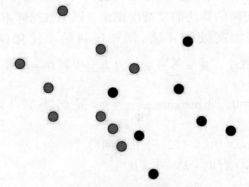

图5-25 软间隔问题

1)软间隔最大化

解决该问题的一个办法是允许SVM在少量样本上出错,即将之前的硬间隔最大化条件放宽一点,为此引入"软间隔"(soft margin)的概念。即允许少量样本不满足约束$y_i(X_i^T W + b) \geq 1$,为了使不满足上述条件的样本点尽可能少,需要在优化的目标函数里面新增一个对这些点的惩罚项。最常用的是hinge损失:

$$l_{hinge}(z) = \max(0, 1-z) \tag{5-14}$$

即若样本点满足约束条件损失就是0,否则损失就是$1-z$,则优化目标变成如下形式:

$$\min_{W,b} \frac{1}{2}\|W\|^2 + C\sum_{i=1}^{n}\max(0, 1-y_i(X_i^T W + b)) \tag{5-15}$$

式中:$C > 0$称为惩罚参数,C越小时对误分类惩罚越小,越大时对误分类惩罚越大,当C取正无穷时就变成了硬间隔优化。实际应用时要合理选取C,C越小越容易欠拟合,C越大越容易过拟合。如果引入"松弛变量"$\xi_i \geq 0$,那么式可重写成

$$\min_{W,b,\xi} \frac{1}{2}\|W\|^2 + C\sum_{i=1}^{n}\xi_i, \text{s.t. } y_i(X_i^T W + b) \geq 1-\xi_i, \xi_i \geq 0, i = 1,2,\cdots,n \tag{5-16}$$

式(5-16)所述问题即软间隔SVM。

3. 对偶问题

$$\min_{W,b,\xi} \frac{1}{2}\|W\|^2 + C\sum_{i=1}^{n}\xi_i, \text{s.t. } y_i(X_i^T W + b) \geq 1-\xi_i, \xi_i \geq 0, i = 1,2,\cdots,n \tag{5-17}$$

式(5-17)表示的软间隔SVM依然是一个凸二次规划问题,和硬间隔SVM类似,可以通过拉格朗日乘子法将其转换为对偶问题进行求解。对应的拉格朗日函数为

$$L(W,b,\xi,\alpha,\beta) = \frac{1}{2}\|W\|^2 + C\sum_{i=1}^{n}\xi_i - \sum_{i=1}^{n}\alpha_i[y_i(X_i^T W + b) - 1 + \xi_i] - \sum_{i=1}^{n}\beta_i\xi_i$$
$$\tag{5-18}$$

为了求得对偶问题的解,需要先求得$L(W,b,\xi,\alpha,\beta)$对W、b和ξ的极小再求对α和β的极大。

1)求$\min_{W,b,\xi} L(W,b,\xi,\alpha,\beta)$

将$L(W,b,\xi,\alpha,\beta)$分别对W、b和ξ求偏导并令为0可得$W = \sum_{i=1}^{n}\alpha_i y_i X_i$,$\sum_{i=1}^{n}\alpha_i y_i = 0, C = \alpha_i + \beta_i$。

将上面3个式子代入式(5-18)，注意其中的β被消去了，推导出

$$\min_{W,b,\xi} L(W,b,\xi,\alpha,\beta) = -\frac{1}{2}\sum_{i=1}^{n}\sum_{j=1}^{n}\alpha_i\alpha_j y_i y_j X_i^T X_j + \sum_{i=1}^{n}\alpha_i \quad (5-19)$$

2) 求$\min_{W,b,\xi} L(W,b,\xi,\alpha,\beta)$对$\alpha$的极大

$\min_{\alpha} \frac{1}{2}\sum_{i=1}^{n}\sum_{j=1}^{n}\alpha_i\alpha_j y_i y_j X_i^T X_j - \sum_{i=1}^{n}\alpha_i$，同时满足约束条件：$\sum_{i=1}^{n}\alpha_i y_i = 0, 0 \leq \alpha_i \leq C, (i=1,2,\cdots,n)$。至此，得到了原始最优化问题对偶最优化问题，假设现在通过通用的二次规划求解方法或者SMO算法求得了最优解$\hat{\alpha}$，则可求得最优$\hat{W}$：

$$\hat{W} = \sum_{i=1}^{n}\hat{\alpha}_i y_i X_i \quad (5-20)$$

再根据KKT条件，即

$$\begin{cases} 乘子非负:\alpha_i \geq 0, \beta_i \geq 0 (i=1,2,\cdots,n.下同) \\ 约束条件: y_i(X_i^T W + b) - 1 \geq \xi_i \\ 互补条件: \alpha_i\left(y_i\left(X_i^T \hat{W} + \hat{b}\right) - 1 + \xi_i\right) = 0, \beta_i\xi_i = 0 \end{cases} \quad (5-21)$$

可求得整个软间隔SVM的解，即

$$\hat{W} = \sum_{i\in SV}\hat{\alpha}_i y_i X_i, \hat{b} = y_j - \sum_{i\in SV}\hat{\alpha}_i y_i X_j^T X_i \quad (5-22)$$

其中j需满足$0 < \hat{\alpha}_j < C$。对于任意样本(X_i, y_i)，若$\alpha_i = 0$，此样本点不是支持向量，该样本对模型没有任何的作用；若$\alpha_i > 0$，此样本是一个支持向量。若满足$\alpha_i > 0$，进一步地，若$0 < \alpha_i < C$，得$\beta_i = 0$，即刚好$y_i(X_i^T W + b) = 1$，样本恰好在最大间隔边界上；若$\alpha_i = C$，有$\beta_i > 0$，此时若$\beta_i < 1$则该样本落在最大间隔内部，若$\beta_i > 1$则该样本落在最大间隔内部即被错误分类。

最优超平面只与支持向量有关而与非支持向量无关。

4. 惩罚参数

不同惩罚参数C下SVM结果如图5-26所示。

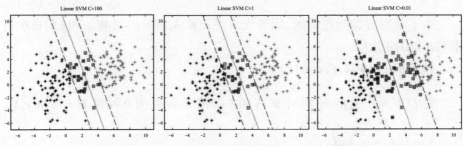

图5-26 （见彩图）不同惩罚参数C下SVM结果

再来看看原始目标函数:

$$\min_{W,b,\xi} \frac{1}{2}\|W\|^2 + C\sum_{i=1}^{n}\xi_i \tag{5-23}$$

对于更加一般化的问题,可将上述式子抽象成以下形式:

$$\min \Omega(f) + C\sum_{i=1}^{n} l(f(\boldsymbol{x}_i), \boldsymbol{y}_i) \tag{5-24}$$

前一项可以理解为"结构风险(structural risk)",用来描述所求模型的某些性质(SVM就是要求间隔最大);第二项称为"经验风险(empirical risk)",用来描述模型与训练数据的契合程度(即误差)。而参数C就是用于对二者的折中,即一方面要求模型要满足某种性质,另一方面又想使模型与训练数据很契合。从正则化角度来讲,$\Omega(f)$称为正则化项,C称为惩罚参数,C越大即对误分类的惩罚越大(要求模型对训练模型更契合),这可能会存在过拟合;C越小即相对更加看重正则化项,此时可能存在欠拟合。

5. 非线性SVM——核技巧

前面介绍的都是线性问题,但是经常会遇到非线性的问题(例如异或问题),此时就需要用到核技巧(kernel trick)将线性SVM推广到非线性支持向量机。不仅仅是SVM,很多线性模型都可以用核技巧推广到非线性模型,例如核线性判别分析(KLDA)。

1)核函数

如图5-27所示,核技巧的基本思路分为两步:首先使用一个变换将原空间的数据映射到新空间(例如更高维甚至无穷维的空间);然后在新空间里用线性方法从训练数据中学习得到模型。

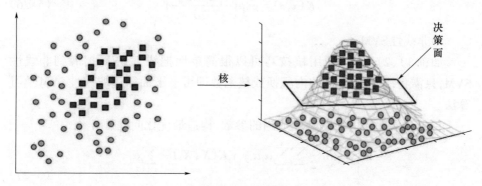

图5-27 核函数

设X是输入空间(欧式空间R^n的子集或离散集合),又设H是特征空间(希尔伯特空间),如果存在一个 X 到 H 的映射 $\phi(x):X \to H$ 使得对所有 $x,z \in X$,函数 $K(x,z)$ 满足条件则 $K(x,z) = \phi(x)\cdot\phi(z)$ 称为核函数,$\phi(x)$ 为映射函数,式中 $\phi(x)\cdot\phi(z)$ 为 $\phi(x)$ 和 $\phi(z)$ 的内积。通常,直接计算 $K(x,z)$ 比较容易而通过 $\phi(x)$ 和 $\phi(z)$ 计算 $K(x,z)$ 并不容易。而幸运的是,在线性 SVM 的对偶问题中,无论是目标函数还是决策函数都只涉及输入样本与样本之间的内积,因此不需要显式地定义映射 $\phi(x)$ 是什么而只需事先定义核函数 $K(x,z)$ 即可。也就是说,在核函数 $K(x,z)$ 给定的情况下,可以利用解线性问题的方法求解非线性问题的 SVM,此过程是隐式地在特征空间中进行的。

2)正定核

由上面的介绍可知,只需要定义核函数就可以了。但是如何不通过映射 $\phi(x)$ 判断给定的一个函数 $K(x,z)$ 是不是核函数呢?或者说,$K(x,z)$ 需要满足什么条件才是一个核函数。

通常所说的核函数就是正定核函数,下面不加证明地给出正定核的充要条件,具体证明略显复杂,有兴趣的读者可以参考《统计学习方法》。

设 $X \in R^n$,$K(x,z)$ 是定义在 $X \times X$ 上的对称函数,如果对任意的 $x_i \in X$,对应的 Gram 矩阵 $K = [K(x_i,x_j)]_{m \times m}$ 是半正定矩阵,则 $K(x,z)$ 是正定核。虽然有了上述定义,但是实际应用时验证 $K(x,z)$ 是否是正定核依然不容易,因此在实际问题中一般使用已有的核函数,下面给出一些常用的核函数。

多项式核函数(polynomial kernel function):

$$K(x,z) = (x \cdot z + 1)^p \tag{5-25}$$

高斯核函数(Guassian kernel function):

$$K(x,z) = \exp\left(-\frac{\|x-z\|^2}{2\sigma^2}\right) \tag{5-26}$$

3)非线性 SVM

如前1)、2)所述,利用核技巧可以很简单地把线性 SVM 扩展到非线性 SVM,只需将线性 SVM 中的内积换成核函数即可。下面简述非线性 SVM 学习算法。

首先选取适当的核函数和适当的参数,构造最优化问题。

$$\begin{cases} \min_{\alpha} \frac{1}{2}\sum_{i=1}^{n}\sum_{j=1}^{n}\alpha_i\alpha_j y_i y_j K(X_i,X_j) - \sum_{i=1}^{n}\alpha_i \\ \text{s.t.} \sum_{i=1}^{n}\alpha_i\alpha_j = 0 \ \ 0 \leqslant \alpha_i \leqslant C, i = 1,2,\cdots,n \end{cases} \tag{5-27}$$

再利用现成的二次规划问题求解算法或者 SMO 算法求得最优解 $\hat{\alpha}$。

选择 $\hat{\alpha}$ 的一个满足 $0 < \alpha_i < C$ 的分量 $\widehat{\alpha_j}$，计算如下：

$$\hat{b} = y_j - \sum_{i \in SV} \hat{\alpha}_i y_i K(X_j, X_i) \tag{5-28}$$

构造决策函数，表达式为

$$f(x) = sign\left(\sum_{i \in SV} \hat{\alpha}_i y_i K(X_j, X_i) + \hat{b}\right) \tag{5-29}$$

5.2.6　小结

任何算法都有其优缺点，SVM也不例外。

1. SVM的优点

由于SVM是一个凸优化问题，所以求得的解一定是全局最优而不是局部最优。不仅适用于线性问题，还适用于非线性问题（用核技巧）。拥有高维样本空间的数据也能用SVM，这是因为数据集的复杂度只取决于支持向量而不是数据集的维度，这在某种意义上避免了"维数灾难"，理论基础比较完善。

2. SVM的缺点

二次规划问题求解将涉及 m 阶矩阵的计算（m 为样本的个数），因此SVM不适用于超大数据集，(SMO算法可以缓解这个问题)只适用于二分类问题。SVM的推广SVR也适用于回归问题，可以通过多个SVM的组合来解决多分类问题。

5.3　脑影像机器学习模型构建

学习如何编程一个简单的机器学习管道可以帮助人们深入了解机器学习的优势，以及在机器学习管道中可能发生的偏差。此外，编程能够提供更大的灵活性，包括使用任何机器学习算法或感兴趣的数据模式。但是，尽管编程机器学习管道有很多好处，许多人仍然觉得这项任务具有挑战性，不知道该从何入手。本节提供了一个逐步指南，介绍如何使用scikit-learn实现标准的有监督机器学习管道，scikit-learn是Python编程语言中一种广泛流行且易于使用的机器学习库。在每个步骤中，提供了简短的基本原理和对代码的解释，并提供了其他有用的外部资源以获得更深入的理论解释或示例。

Python是一种广泛使用的编程语言,有很多可用的资源。示例代码的结构方式很容易用其他技术删除、添加或替换某些技术,这样可以尝试不同的方法并开发更复杂的管道。遵循严格的方法,以避免常见的错误并获得可靠的结果。

首先简要介绍如何安装Python和必要的库,并访问该代码的数据集和在线版本。

5.3.1 安装Python和主要库

源代码是使用Python3编写的,和大多数编程语言一样,Python是在库中组织的。每个库都包含一组用于特定目的的专用函数,使用以下库:

Pandas

Numpy

Scipy

Matplotlib and seaborn

Scikit-learn

Pandas和numpy是广泛使用的用于加载、操作和汇总数据的库,Pandas用于处理表格数据(例如,数据排列在表格中,有行和列),而numpy是一个更通用的库。还使用科学计算的基础库scipy运行一些单变量统计数据,以便探索数据并为统计分析做准备。Matplotlib和seaborn是用于数据可视化的库,这在研究数据或总结结果时非常有用。最后,scikit-learn或者简称为sklearn,被认为是最流行和最易于访问的机器学习Python库。它是一个高级库,这意味着许多复杂的应用程序被封装在更简单、更短和易于使用的函数中。要运行本教程中的示例代码,读者需要安装Python3以及上述所有库。最简单的方法是下载并安装Anaconda。这是用于科学计算的Python编程语言的免费和开源发行版,旨在简化包的管理和部署。

5.3.2 机器学习管道

如图5-28所示,机器学习管道包括以下组件:问题制定、数据准备、特征工程、模型训练、模型评估和事后分析。在开始之前,首先需要导入所有必要的库,将随机种子设置为一个固定值,并组织工作区。

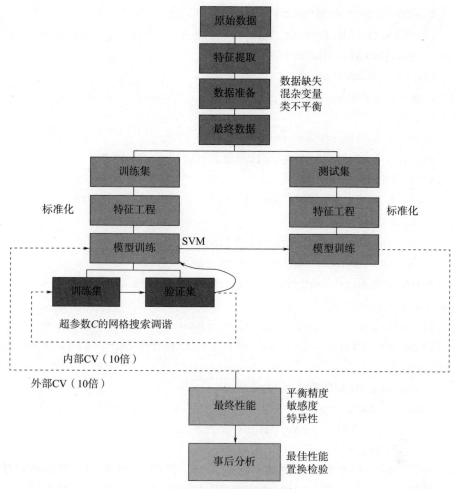

图 5-28 机器学习管道

1. 导入库

默认情况是不加载用于计算机器学习分析的库,因此在开始编写代码文件时,最好先导入需要的所有库。除了 pandas、numpy、scipy、seaborn、matplotlib 和 sklearn 之外,还使用 pathlib 模块来组织文件夹,并使用 warnings 模块在分析过程中抑制任何无用的警告(两者都是 Python 自带的,因此不需要安装它们)。如果读者决定修改代码,建议通过抑制代码片段 1 中的最后一行来重新激活警告。理解这些警告可以帮助读者避免错误并调试代码。为了使代码更易于阅读,在导入多次使用的库时,通常会指定一个别名。例如,pandas 库通常作为 pd 导入。这样,每当想要调用这个库时,只需输入 pd 即可。

```python
# Store and organize output files
from pathlib import Path
# Manipulate data
import numpy as np
import pandas as pd
# Plots
import seaborn as sns
import matplotlib.pyplot as plt
# Statistical tests
import scipy.stats as stats
# Machine learning
from sklearn.svm import LinearSVC
from sklearn.externals import joblib
from sklearn.metrics import balanced_accuracy_score, confusion_matrix
from sklearn.preprocessing import StandardScaler
from sklearn.model_selection import StratifiedKFold, GridSearchCV
# Ignore WARNING
import warnings
warnings.filterwarnings('ignore')
```

2. 设置随机种子

分析中的一些步骤将受到随机性的影响。例如,可能希望在数据清理期间随机删除一些参与者。同样,在定义CV方案时,每次迭代的训练/测试分区也是随机进行的。在Python中,这种随机性可以通过将种子值设置为固定值来控制。没有定义一个特定的种子值意味着依赖于这个随机性元素的变量在每次运行代码时都会有不同的表现。例如,每次迭代的训练测试分区将是不同的,这可能会导致不同的模型性能。因此,将种子值设置为一个固定的数字,以保证每次运行代码时都得到相同的结果,有些函数需要将随机种子作为参数再次传递。

```python
random_seed=1
np.random.seed(random_seed)
```

3. 组织工作空间

在开始分析之前,应该首先创建文件夹结构,用于存储所有结果。读者可能希望沿着机器学习的管道测试不同的策略,例如,不同的预处理策略或机器学习算法。在大量测试之后,很容易就会忘记哪些结果与哪些策略有关。为每个实验指定一个名称,在结果目录中创建一个具有相同名称的文件夹,并将实验输出存储在该目录中,这是一种很好的做法。

```
results_dir=Path('./results')
results_dir.mkdir(exist_ok=True)
experiment_name='linear_SVM_example'
experiment_dir=results_dir/experiment_name
experiment_dir=mkdir(exist_ok=True)
```

4. 问题公式化

在进行任何类型的项目时,有一个良好框架的问题是至关重要的,特别是在机器学习中,可能有许多可能的方法来分析相同的数据集。机器学习问题如下:使用结构MRI数据对SZ和HC参与者进行分类。从这个公式中,可以推导出机器学习问题的主要元素:

```
Features:Structural MRI data
Task:Binary classification
Target:Patients with SZ and HC
```

5. 数据准备

这一步的目的是执行一系列的统计分析,为机器学习模型准备数据。在这里,根据机器学习问题的性质和数据类型,可能需要不同的统计分析。

1)导入数据

使用表格数据。数据以逗号分隔值(CSV)文件的形式存储。使用从pandas中的read_csv()函数来加载csv文件。这个函数将数据加载到一个名为dataframe的对象类型中,将其命名为dataset_df。

```
Dataset_file=Path('./Chapter_19_data.csv')
datasetdf=pd.read_csv(dataset_file,index_col='ID')
```

在数据集中,诊断和性别是由单词定义的。有时,人们用不同的名字存储信息;例如,在列诊断中不使用sz,可以用"schizophrenia"这个词来定义这个问题属于一个病人。为了使这些代码更容易适应不同的格式,在代码的开头定义了符号。

```
patient_str='sz'
healthy_str='hc'
male_str='M'
female_str='F
```

从数据的前6行开始。使用 pandas 选择 dataframe 的子部分是很简单的。有不同的方法可以做到这一点。这里，只是简单地指出 dataframe 中需要的索引(注意,第一行索引为0,最后一行不包括在内)。

```
>>>dataset_df[0:6]
```

ID	Diagnosis	Gender	Age	…	rhinsulathickness
c001	hc	M	22.0	…	2.645844
c002	hc	F	30.0	…	2.673699
c003	hc	F	22.0	…	2.795989
c004	hc	F	30.0	…	2.731654
c005	hc	M	31.0	…	2.607771
c006	hc	F	NaN	…	2.606643

从输出中,可以看到顶部的列名和前6个参与者的数据。列包括诊断、性别、年龄,以及几个脑区的灰质体积和厚度。ID 在代码片段4中设置为列索引。可以看到至少损少一个值(第c006行),稍后会处理这个问题。知道数据集中可用的所有特征的名称也可能很有用。为此,只需知道数据列的名称。

```
>>>dataset_df.columns.tolist()
['Diagnosis',
'Gender',
'Age',
'Left Lateral Ventricle',
'Left Inf Lat Vent',
'Left Cerebellum White Matter',
'Left Cerebellum Cortex',
⋮
'rh frontalpole thickness',
'rh temporalpole thickness',
'rh transversetemporal thickness',
'rh insula thickness']
```

接下来检查数据集的大小。

```
print('Number of features=%d'%dataset_df.shape[1])
print('Number of participants=%d'%dataset_df.shape[0])
```

```
Number of features=172
Number of participants=740
```
为了处理构建机器学习管道时一些最常见的问题,数据准备阶段将检查以下数据集:
```
Missing data
Data imbalance with respect to the labels
Confounding variables
```
2)损失数据

大多数机器学习模型不支持损失数据的数据,因此检查 dataset_df 中是否有任何损失数据是很重要的。下面使用来自 pandas 的函数 isnull( )来确定每个特性总共有多少损失数据,以及损失数据的参与者的 id。

```
null_lin_bool=dataset_df.isnull().any(axis=1)
null_cols=dataset_df.columns[dataset_df.isnull().any(axis=0)]
nnull=dataset_df.isnull().sum().sum()
print('Number of missing data=%d'%nnull)
subj_null=dataset_df[null_lin_bool].index
print('IDs:%s'%(',').join(subj_null.tolist()))
>>>pd.DataFrame(dataset_df[null_cols].isnull().sum(),
columns=['Nmissing'])
Number of missing data=43
IDs:c006,p149,p150,p156,p157,p175,p195,p196,p197,p20,
p211,p212,p227,p228,p229,p264,p265,p266,p267,p268,p269,
p270,p271,p281,p282,p283,p289,p302,p303,p307,p311,p312,
p319,p321,p356,p357,p358,p359,p360,p361,p362,p363,p364
  N missing
Age 43
```

可以看到有43个损失的年龄值。没有这方面的资料,就无法对不平衡的人口数据进行彻底的评估,这在解释结果时可能会有问题。这里有许多不同复杂程度的选项。因为删除这些参与者只会损失总数据的6%,所以将简单地删除他们,可以通过使用来自 pandas 的 dropna( )函数来做到这一点。

```
dataset_df=dataset_df.dropna()
print('Number of participants=%d'%dataset_df.shape[0])
```

```
Number of participants=697
```
正如预期的那样,新的 dataframe 比以前少了 43 个参与者。

3)类别不平衡

接下来,检查每个类别的总人数:
```
>>>dataset_df[´Diagnosis´].value_counts()
hc 367
sz 330
Name:Diagnosis,dtype:int64
```

在数据集中,共有 367 名 HC 和 330 名 SZ。类别之间似乎没有很大的不平衡。然而,这两个类别并不完全匹配。正如在第 2 章中提到的,这可能会在估计模型性能时产生问题。一种选择是将 HC 降采样以匹配 SZ 组。然而,这意味着除了已经丢弃的 6% 之外,还会丢失更多的数据,这是不希望看到的。由于不平衡不是太大,将保留相同的数据,并使用平衡的准确性作为选择的性能指标,以及分层 CV 方案,以确保 CV 迭代中 SZ/HC 的比例相同。

4)混淆变量

人们可能想要检查许多潜在的混淆变量,在这里,将调查两个明显的问题:性别和年龄。将性别作为可能的混淆因素进行调查的一种简单方法是验证 SZ 和 HC 中男性和女性的比例。先用 seaborn 来可视化一下每一组的性别比例,使用这个库绘制数据非常简单(https://seaborn.pydata.org)。请注意,seaborn 操作基于另一个名为 matplotlib 的库,这是 Python 中使用最广泛的绘图库。为了编辑图形中的一些元素(例如,将图形框中的 M 和 F 改为 Male 和 Female),也将使用 matplotlib,如图 5-29 所示。

```
sns. countplot (x= ´Diagnosis´, hue= ´Gender´, data=
dataset_df,palette=(´#839098´,´#f7d842´])
    plt.legend([´Male´,´Female´])
    plt.show()
```

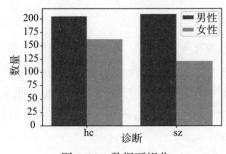

图 5-29 数据可视化

```
HC:Normality test:p-value=0.005
SZ:Normality test:p-value=0.018
Age
HC:Mean(SD)=25.31(2.84)
SZ:Mean(SD)=24.98(3.12)
```

可以看到这两组的男性数量相当相似。然而,HC 比 SZ 组有更多的女性。除了使数据可视化之外,最好总是执行适当的统计检验,即使在目视检查中没有明显的偏差。由于性别是一个分类变量,将采用齐性的 chisquare 检验来检查这种差异是否具有统计学意义。在本例中,想检验零假设,即 HC 组中的女性比例与 SZ 组中的女性比例没有差异(相当于检验 HC 组的男性比例与 SZ 组的男性比例没有差异)。

```
# Create the contingency table
contingency_table=pd.crosstab(dataset_df['Gender'],
dataset_df['Diagnosis'])
print(contingency_table)
# Perform the homogeneity test
chi2,p_gender,_,_=stats.chi2_contingency(contingency_
table,correction-False)
print('Gender')
print('Chi-square test:chi2 stats=%.3fp-value=%.3f'%
(chi2,p_gender))
```

以上结果表明,这两个类别在性别方面确实存在统计学上的显著差异($p<0.05$)。这可能是一个问题,因为性别对大脑形态的影响是公认的。因此,机器学习算法可能使用与性别差异相关的大脑特征来区分 HC 和 SZ,而不是与所研究的障碍相关的差异。为了减轻这种潜在的偏差来源,将在 HC 类中随机删除一名女性,直到两个类之间的男性女性比例不再有统计学上的显著差异。

```
print('Removingparticipanttobalancegender...')
whilep_gender<0.05:
# Randomly select a woman from healthy controls
Hc_women=dataset_df[(dataset_df['Diagnosis']==healthy_str)
&(dataset_df['Gender']==female_str)]
indexes_to_remove=hc_women.sample(n=1,random_state=
1).index
# Remove her from dataset
```

```
print('Dropping%s'%str(indexes_to_remove.values[0]))
dataset_df=dataset_df.drop(indexes_to_remove)
contingency_table=pd.crosstab(dataset_df['Gender'],
dataset_df['Diagnosis'])
[chi2,p_gender,_,_]=stats.chi2_contingency(contingency_table,
correction=False)
print('newp-value=%.3f'%p_gender)
print('Gender')
print('Chi-squaretest:chi2 stats=%.3f p-value=%.3f' %
(chi2,p_gender))
# Check new sample size
contingency_table=pd.crosstab(dataset_df['Gender'],
dataset_df['Diagnosis'])
print(contingency_table)
Removing participant to balance gender...
Dropping c082
new p-value=0.049
Dropping c083
new p-value=0.054
Gender
Chi-square test:chi2 stats=3.698 p-value=0.054
Diagnosis hc Sz
Gender
F 160 121
M 205 209
```

从输出中可以看到,在去除两个女性对照后,卡方检验不再具有统计学意义。接下来,检查一下与年龄有关的不平衡。该想法是为了检验零假设,即HC组的平均年龄(或中位数)与SZ组的平均年龄(或中位数)没有区别。一种方法是对两个样本使用参数t检验。重要的是,这个测试假设年龄在两组中都是正态分布(高斯分布)。为了检查这个假设,可以使用来自scipy库的stats模块的shapiroWilk检验与seaborn来绘制每个组的分布。

```
age_hc-dataset_df[dataset_df['Diagnosis']==healthy_str]['Age']
age_sz-datasetdf[datasetdf['Diagnosis']==patient_str]['Age']
# Plotnormalcurve
```

```
sns.kdeplot(age_hc,color='#839098',label='HC',shade=
True)
sns.kdeplot(age_sz,color='#f7d842',label='Sz',shade=
True)
plt.show()
# Shapiro test for normality
p_age_hc_normality=stats.shapiro(age_hc)
p_age_sz_normality=stats.shapiro(age_sz)
print('HC: Normality test: p-value=%.3f'% p_age_hc_
normality)
print('SZ: Normality test: p-value=%.3f'% p_age_sz_
normality)
# Descriptives
print('Age')
print('HC:Mean(SD)=%.2f(%.2f)'%(age_hc.mean(),age_hc.
std()))
print('SZ:Mean(SD)=%.2f(%.2f)'%(age_sz.mean(),age_sz.
std()))
HC:Normality test:p-value=0.005
SZ:Normality test:p-value-0.018
Age
HC:Mean(SD)=25.31(2.84)
SZ:Mean(SD)=24.98(3.12)
```

seaborn绘制每个组的分布如图5-30所示。

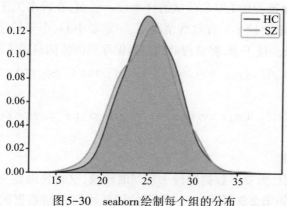

图5-30　seaborn绘制每个组的分布

从上面可以看出,年龄在两组中都是正态分布的。此外,两组间的分布、均值和标准差也相当相似。这意味着可以用 t 检验来检查各组之间年龄的统计学差异。

```
t_stats,p_age=stats.ttest_ind(age_sz,age_hc)
print('Age')
print('Student'st-test:tstats=%.3f,p-value=%.3f'%
(t_stats,p_age))
Age
Student's t test:t-stats=-1.464,p-value=0.144
```

可以看出,两组的年龄差异无统计学意义。因此,在分析中,不会将年龄视为一个重要的混杂因素。

5)特征集合和目标

下一步是从 dataset 中检索目标和特征。对于目标变量,将 dataset_df 中的列诊断分配给变量 targets_df。对于这些特征,选择从第四列开始的所有行(回想一下, dataframes 的索引是0),并将它们保存在 features_df 中。

```
# Target
Targets_df=dataset_df['Diagnosis']
# Features
Features_names=dataset_df.columns[3:]
features_df=dataset_df[features_names]
>>>targets_df
>>>features_df
```

清理后的数据集包含695个被试和169个特征。这一数量的被试远高于为获得稳定结果而推荐的130名被试的样本量。然而,在许多关于大脑障碍的研究中,样本量可能会较小。在这些情况下,一定要小心,小于最佳样本量可能导致不可靠的结果。接下来,将清理后的数据保存到创建的目录中的CSV文件中。

```
Features_df.to_csv(experiment_dir/'prepared_features.csv')
Targets_df.to_csv(experiment_dir/'prepared_targets.cav')
```

6. 特征工程

在这一步中,想要对数据进行一系列的转换,这将帮助建立一个良好的机器学习模型。如第2章所述,这一系列的转换可以根据数据的性质涉及不同的过程。下面将按照与第2章相同的顺序讨论每一个步骤。

1)特征提取

在示例中,希望使用神经解剖数据对SZ和HC进行分类。这需要从原始MRI中提取大脑形态特征信息。正如前面提到的,假设这个特征提取已经被完成了。组成features_df变量的区域灰质体积和厚度已经被FreeSurfer提取出来。

2)交叉验证

在继续将任何转换应用到特征之前,首先需要将数据分割成训练集和测试集。这是确保机器学习分析中的训练和测试步骤之间独立性的关键步骤。使用分层的10折交叉验证(CV)。第2章概述了一些最常用的CV类型。首先将targets_df变换为一维numpy数组,其中0表示HC,1表示SZ;称为新的变量,targets。通过将targets_df转换为2Dnumpy数组,对特征进行了同样的处理。将数据从dataframes转换为数组以后会更容易,因为有些函数要求数据采用这种格式。

```
targets_df=targets_df.map({healthy_str: 0, patient_str:1})
```

```
targets=targets_df.values.astype('int')
features=features_df.values.astype('float32')
```

接下来,定义了分层10折CV的参数。通过从sklearn库的StratifiedKFold类中创建一个对象来实现这一点。将这个对象称为skf。

```
nfolds=10
skf=StratifiedKFold (n_splits=n_folds, shuffle=True, random_state=random_seed)
```

注意,skf中的参数random_state,这个参数允许控制内在的随机性元素,将全部数据分解为训练集和测试集。数据集总共包含695个参与者。在上面的代码中,已经指示模型将数据集分成10组(同时在整个CV迭代中保持SZ/HC比率相似)。在这些情况下,Python会随机执行这个分组。不将随机状态设置为固定值意味着每次运行代码时,分配到每个组的参与者将不同。因此,结果很可能也会不同。这是希望避免的事情,至少在构建模型以改进它的时候是这样,因为希望能够在不同模型之间进行比较时重现相同的结果。接下来,准备了一组空对象,这些对象将被预测、性能指标和每一次CV迭代中的机器学习模型系数填充。在下面的代码中,创建:①一个空的dataframe叫做predictions_df,它将存储模型的预测;②每个性能指标的3个空数组:平衡精度(bac),敏感性(sens),特异性(spec);③SVM的系数的空数组,其中每个特征的权重(系数或重要性)将被存储。最后,还创建了一个额外的文件夹modeldir,

稍后将保存上面的所有对象。

```
Predictions_df=pd.DataFrame(targets_df)
Predictions_df['predictions']=np.nan
bac_cv=np.zeros((n_folds,1))
sensCV=np.zeros((n_folds,1))
spec_cv=np.zeros((n_folds,1))
coef_cv=np.zeros((n_folds,len(features_names)))
models_dir=experiment_dir/'models'
models_dir.mkdir(exist_ok=True)
```

既然定义了CV,就可以遍历10个CV迭代中的每一个。在每次迭代中,对训练集执行任何转换(例如,特征选择,归一化),并使机器学习算法适合相同的数据;然后,在训练集中应用的相同数据转换后,使用测试集来测试算法。这可以使用for循环来迭代10个i_folds来实现。在每一次i_folds中,将有4个新变量:①features_train 和 targets_train:训练集和对应的标签;②features_test 和 targets_test:测试集和对应的标签;现在,检查在CV的每次迭代中,训练集和测试集中有多少参与者。可以通过简单地设置targets_train 和 targets_test的长度来做到这一点。

```
for i_fold,(train_idx,test_idx) in enumerate(skf.split
(features,targets)):features_train,features_test=features
[train_idx],features[test_idx]
    targets_train,targets_test-targets[train_idx],targets
[test_idx]
    print('CV iteration:%d'%(i_fold))
    print('Training set size:%d'%len(targets_train))
    print('Testsetsize:%d'%len(targets_test))
```

注意,for循环内部的代码是如何放置在更右的位置的,称为缩进,意味着在CV的每次迭代中,将执行缩进代码块中的指令。接下来的代码段(22~31)将保持相同的缩进,表示它们仍然是这个for循环的一部分。一旦CV完成,缩进将被删除,也就是说,文本将再次从文本框的左端放置。注意,如果运行这段代码,所有的循环片段将需要一起运行。还要注意,折的编号从0开始,而不是1;这是因为在Python中,for循环的索引是0。

3)特征选择

特征选择可以帮助去除特征集中的冗余。然而,考虑到SZ的神经解剖异常往往是微妙和广泛的,有理由假设,特征集中包含的169个特征中的大多数将对区分SZ和HC作出一些贡献。此外,在示例中,特征的数量与总样本容量相比并不是太大。由于这些原因,将不删除特征。如果使用特征选择,会有大量的策略可以通过sklearn使用。

4)特征归一化

在将数据输入分类器之前,希望确保不同大脑区域的测量具有不同的测量范围,这一情况不会影响模型的可靠性。如果一个特征的方差比其他特征的方差大几个数量级,那么这个特征可能会主导数据集中的其他特征。有几种可能的解决方案可以避免这个问题。在这个例子中,将对数据进行转换,使每个特征的分布类似于标准正态分布(例如,均值0和方差1)。每个新归一化的值 Z_{x_i} 是通过取每个数据点 x_i,减去对应特征的均值 X,然后除以相同特征的标准差(SD):

$$z_{x_i} = \frac{(\overline{X}_{\text{Feature}_A} - x_i)}{SD_{\text{Feature}_A}} \quad (5-30)$$

可以使用sklearn中的StandardScaler对象自动地将这个公式独立地应用到每个特征上。

```
scaler=StandardScaler()
scaler.fit(features_train)
features_train_norm=scaler.transform(features_train)
features_test_norm=scaler.transform(features_test)
```

首先,创建一个称为标准化器(scaler)的对象。接着,利用训练集数据来拟合标准化器,以得到均值和标准差参数。换句话说,标准化器对象会计算并存储训练集中每个特征的均值(mean,记为X)和标准差(standard deviation,SD)。然后,利用存储的参数对训练集和测试集进行转换操作。除了上述方法外,sklearn还提供其他的扩展策略。例如,如果数据分布不符合正态分布或存在离群值,那么RobustScaler()函数可能更适合。

7. 模型训练

1)机器学习算法与超参数优化

我们将使用sklearn实现的支持向量机(Support Vector Machine,SVM),它允许采用不同的核函数。本次将选择线性核,因为这能够使之后更容易地提取SVM模型的系数(即特征重要性):

```
clf=LinearSVC(loss='hinge')
```

重要的是,SVM依赖于一个超参数 C,它调节了希望避免对每个训练示例进行错误分类的程度。选择C值的理想方法是让模型尝试几个值,然后选择性能最好的一个。这应该通过在已经定义的CV中添加一个额外的CV来完成,从而创建一个嵌套CV,其中不同的C值被用于训练集并在验证集中进行测试;然后用性能最好的C的值将模型拟合到外部的CV定义的训练集上。幸运的是,sklearn有一组有用的工具来实现这一点。在这里,将使用网格搜索,这是脑疾病文献中一个流行的选择。关于网格搜索和其他超参数优化方法的更多信息可以在 https://scikit-learn.org/stable/modules/grid_search.html 查找。为了实现网格搜索,首先需要为C提供一个可能范围;这是搜索空间。然后为GridSearchCV指定参数。将再次使用分层10_fold,就像前面定义的外部CV一样。

```
# Hyperparameter search space.
param_grid={'C':[2**-6,2**-5,2**-4,2**-3,2**-2,2**-1,2**0,2**1]}
# Gridsea ch
internal_cy=StratifiedKFold(n_splits=10)
grid_cv=GridSearchCV (estimator=clf, param_grid=param_grid, cv=internal_cv, scoring= 'balanced_accuracy', verbose=1)
```

现在,准备将SVM模型与训练数据进行拟合。通过将fit命令应用于训练集中的特征和标签来实现这一点。

```
grid_result-grid_cv. fit (features_train_normalized, targets_train)
Fitting 10 folds for each of 8 candidates,totalling 80 fits
[Parallel(n_jobs=1)]:Using backend SequentialBackend with 1 concurrent workers.
[Parallel(n_jobs=1)]:Done 80 out of 80| elapsed:8.3s finished
```

下面的代码显示了GridSearchCV是如何工作的。可以看到内部CV中验证集中不同C值的性能。

```
print ('Best:% fusing% s'% (grid_result. best_score, grid_result.best_params))
means=grid_result.cv_results_['mean_test_score']
stds=grid_result.cv_results_['std_test_score']
```

```
params=grid_result.cv_results_['params']
for mean,stdev,param in zip(means,stds,params):
print('%f(%f)with:%r'%(mean,stdev,param))
Best:0.675791 using{'C':0.125}
0.673129(0.076206)with:('C':0.015625)
0.674068(0.091944)with:('C':0.03125)
0.668388(0.089292)with:('C':0.0625)
0.675791(0.077299)with:('C':0.125)
0.669378(0.083826)with:{'C':0.25)
0.662557(0.057900)with:('C':0.5)
0.653957(0.060696)with:{'C':1}
0.657501(0.067748)with:('C':2)
```

在验证集中产生最佳性能的 C 的值显示在顶部。这个值为 C 的 SVM 模型再次被用来在整个训练集中(由外部 CV 定义)训练一个 SVM 模型,并被存储在一个名为 best_estimator 的对象中,将使用它来定义第二个分类器 best_clf。最后将使用这个模型在测试集中进行预测。

```
best_clf=grid_cv.best_estimator
joblib.dump(best_clf,models_dir/('classifier_%d.joblib'%i_fold))
joblib.dump(scaler,models_dir/('scaler_%d.joblib'%i_fold))
```

2)模型系数

除了模型性能之外,还对那些驱动模型预测的特征感兴趣。对于具有线性核的 SVM,该信息被自动存储在 best_clf 中。将把每个特征的系数存储在之前创建的系数 coef_cv 的空列表中(代码片段 21)。

```
coef_cv[i_fold,:]=np.abs(best_clf.coef)
```

8. 模型评估

首先,使用最终训练的模型 best_clf 对测试集进行预测,预测存储在 target_test_predicted 中。最后,这个变量被用来填充之前创建的空 dataframe,称为 predictions_df。

```
Target_test_predicted=best_clf.prredict(features_test_norm)
For row,value in zip(test_idx,target_test_predicted):
```

```
Predictions_df. iloc[row, predictions_df. columns. get_loc('predictions')]=valuue
```

一旦有了预测的标签，就可以估计测试集中的性能。首先，计算混淆矩阵。从这里，估算 bac、sens 和 spec。在 sklearn 中有更多的指标可供选择。

```
print('Confusion matrix')
cm=confusion_matrix(targets_test,target_test_predicted)
print(cm)
tn,fp,fn,tp=cm.ravel()
bac_test-balanced_accuracy_score (targets_test, target_test_predicted)
sens_test=tp/(tp+fn)
spec_test=tn/(tn+fp)
print('Balanced accuracy:%.3f'%bac_test)
print('Sensitivity:%.3f'%sens_test)
print('Specificity:%.3f'%spec_test)
bac_cv[i_fold,:]=bac_test
sens_cv[i_fold,:]=sens_test
spec_cv[i_fold,:]=spec_test
 Confusion matrix
[[31 6]
[10 23]]
 Balanced accuracy:0.767
 Sensitivity:0.697
 Specificity:0.837
```

在 CV 的 10 次迭代中，每一次都重复从代码片段 22~31 的步骤。这意味着在这个过程的最后，将有 10 个模型性能的估计，每个迭代一个，然后通过平均迭代中的性能指标来计算总体性能。

```
print('CV results')
print ('Bac: Mean(SD)=%.3f(%.3f)'%(bac_cv.mean(), bac_cv.std()))
 print ('Sens:Mean(SD)=%.3f(%.3f)'%(sens_cv.mean(), sens_cv.std()))
 print ('Spec:Mean(SD)=%.3f(%.3f)'%(spec_cv.mean(), spec_cv.std()))
```

```
CV results
Bac:Mean(SD)=0.744(0.046)
Sens:Mean(SD)-0.718(0.078)
Spec:Mean(SD)=0.770(0.063)
```

从上面的输出可以看出,模型能够对SZ和HC患者进行分类,bac为74%。必须记住将主要结果保存在专用目录中,包括系数、预测和性能指标。

```
# Saving coefficients
mean_coef=np.mean(coef_cv,axis=0).reshape(1,-1)
coef_df=pd.DataFrame(data=mean_coef, columns=features_names.values)
coef_df.to_csv(experimentdir/´feature_importance.cav´,index=False)
# Saving predictions
predictions_df.to_cav(experiment_dir/´predictions.csv´,index=True)
# Saving metrics
metrics=np.concatenate((bac_cv,sens_cv,spec_cv),axis=1)
metrics_df=pd.DataFrame(data=metrics,columns=[´bac´,´sens´,´spec´])
metrics_df.index.name=´CV iteration´
metrics_df.to_cav(experiment_dir/´metrics.csv´,index=True)
```

这个嵌套的CV需要几分钟的时间。然而,其他的分析可能需要更长的时间,这取决于数据的大小和性质以及机器学习管道。

9. 事后分析

一旦有了最终的模型,可以运行几个额外的分析。在这里,将运行以下内容:①通过置换检验测试平衡的准确性、敏感性和特异性的统计显著性;②确定对任务贡献最大的特性。首先,在这个目录中创建一个单独的文件夹,用于存储置换测试的结果。

```
permutation_dir=experiment_dir/´permutation´
permutation_dir.mkdir(exist_ok=True)
```

(1)存储模型的最终bac、sens和spec,这将在以后派上用场。

```
bac_from_model=bac_cv.mean()
```

```
sens_from_model=sens_cv.mean()
spec_from_model=spec_cv.mean()
```
正如在第2章中所解释的,置换检验涉及多次运行相同的模型,每次标签都是随机打乱的。因此,需要首先定义置换次数。通常,研究使用1000~10000。这可能需要一些时间来运行。为了存储每次置换的结果,首先创建4个空对象,将在每次置换之后填充它们。
```
n_permutations=1000
bac_perm=np.zeros((n_permutations,1))
sens_perm=np.zeros((n_permutations,1))
spec_perm=np.zeros((n_permutations,1))
coef_perm=np.zeros((n_permutations,len(features_names)))
```
(2)设置一个for循环,用于迭代每次置换。由于在for循环之后存在缩进,对于每次置换,这个for循环中的所有命令都将重复执行(代码片段37~48)。在每次迭代中,受试者的诊断将使用随机函数进行随机洗牌。这种方法将消除特征和目标之间的任何关联。因为希望这种洗牌在每次迭代时都不同,所以将numpy使用的随机种子设置为一个新的固定值。
```
for i_perm in range(n_permutations):
    print('Permutation:%d'%(i_perm))
    np.random.seed(i_perm)
    targets_permuted=np.random.permutation(targets)
```
(3)将完全相同的管道应用到具有打乱标签的相同数据集。
```
n_folds=10
skf=StratifiedKFold(n_splits=n_folds,shuffle=True,random_state=random_seed)
bac_cv=np.zeros((n_folds,1))
sens_cv=np.zeros((n_folds,1))
spec_cv=np.zeros((n_folds,1))
coef_cv=np.zeros((n_folds,len(features_names)))
for i_fold,(train_idx,test_idx) in enumerate(skf.split(features,targets_permuted)):
    features_train=features[train_idx]
    features_test=features[test_idx]
```

```
targets_train=targets_permuted[train_idx]
targets_test=targets_permuted[test_idx]
scaler=StandardScaler()
features_train_norm=scaler.fit_transform(features_train)
features_test_norm=scaler.transform(features_test)
clf=LinearSVC(loss='hinge')
param_grid={'C':[2**-6,2**-5,2**-4,2**-3,2**-2,2**-1,2**0,2**1]}
internal_cv=StratifiedKFold(n_splits=10)
grid_cv=GridSearchCV(estimator=clf,param_grid=param_grid,cv=internal_cv,scoring='balanced_accuracy',verbose=0)
grid_result=grid_cv.fit(features_train_norm,targets_train)
best_clf=grid_cv.best_estimator_
coef_cv[i_fold,:]=np.abs(best_clf.coef_)
target_test_predicted=best_clf.predict(features_test_norm)
cm=confusion_matrix(targets_test,target_test_predicted)
tn,fp,fn,tp=cm.ravel()
bac_test-balanced_accuracy_score(targets_test,target_test_predicted)
sens_test=tp/(tp+fn)
spec_test=tn/(tn+fp)
bac_cv[i_fold,:]=bac_test
sens_cv[i_fold,:]=sens_test
spec_cv[i_fold,:]=spec_test
```

通过下面的代码,估计了平均bac、sens、spec以及10个CV迭代中的模型系数,并将它们保存在目录中。

```
np.save(permutation_dir/('perm_test_bac_%03d.npy'%i_perm),bac_cv.mean())
np.save(permutation_dir/('perm_test_sens_%03d.npy'%i_perm),sens_cv.mean())
ap.save(permutation_dir/('perm_test_spec_%03d.npy'%i_pern),spec_cv.mean())
```

```
np.save(permutation_dir/('perm_coef_%03d.npy'%
i_perm),coef_cv.mean(axis=0))
bac_perm[i_perm,:]=bac_cv.mean()
sens_perm(i_perm,:)=sens_cv.mean()
spec_perm[i_perm,:]=spec_cv.mean()
coef_perm[i_perm,:]=coef_cv.mean(axis=0)
```

(4)计算bac、sens和spec的p值,方法是用置换后的数据集性能优于模型性能的次数除以置换的次数。得到的p值将表明模型的行为与随机分类器相似还是明显更好。

```
# Get p-values from metrics
bac_p_value=(np.sum(bac_perm>=bac_from_model)+1)/
(n_permutations+1)
sens_p_value=(np.sum(sens_perm>=sens_from_model)+1)/
(n_permutations+1)
spec_P_value=(np.sum(spec_perm>=spec_from_model)+1)/
(n_permutations+1)
print('BAC:p-value=%.3f'% bac_p_value)
print('SENS:p-value=%.3f% sens_p_value)
print('SPEC:p-value=%.3f% spec_p_value)
BAC:p-value=0.001
SENS:p-value=0.001
SPEC:p-value=0.001
```

所有p值都表明,模型能够对HC和SZ进行分类,并且分类性能高于机会水平(即随机分类器)。也估计模型系数的统计显著性。这将允许检查哪些特征在统计上对任务做出了重要贡献。

```
#Get p-values from coefficienta
coef_p_values=np.zeros((1,len(features_names)))
for i_feature in range(len(features_nanes)):
coef_value_from_perm=coef_perm[:,i_feature]
coef_value_from_model=mean_coef[0,i_feature]
n_perm_better_model=np.sum(coef_value_from_perm>=coef_value_
from_model)
coef_p_values[0,i_feature] = (n_perm_better_model+1)/
```

```
(n_permutations+1)
```

（5）创建一个dataframe来存储系数值和相应的p值。

```
Coef_df=pd.DataFrame(index=['coefficients'.'pvalue'],
data=np.concatenate((mean_coef,coef_p_values)),columns=
features_names
>>>coef_df.sort_values('coefficients',axis=1,ascending
=False).T
```

在最后一步中,将总体性能指标和相应的p值以及系数保存在两个单独的CSV文件中。

```
# Saving
pern_metrics_df=pd.DataFrame(data={'metric':['bac',
'sens','spec'],
  'value':[bacfrommodel,sens_from_model,spec_from_model],
  'P_value':[bac_p_value,sens_p_value,spec_p_value]})
perm_metrics_df.to_cav (experiment_dir/'metrics_per-
mutation_pvalue.cav',index=False)
coef_df. to_cav (experiment_dir/'coef_permutation_
pvalue.csv',index=True)
```

10. 结果描述

实例的结果表明,能够以75%的平衡准确度,72%的灵敏度和77%的特异性对SZ和HC进行分类。推动模型预测的主要特征,包括第三脑室、双侧海马旁回、左侧颞中、内侧眶额、喙侧前扣带回的厚度,以及双侧杏仁核、左侧海马和颞中回的体积。以下是文件和数据：

·prepared_features.csv-cleaned features

·prepared_targets.csv-file containing cleaned targets

·models-folder containing the trained models and scalers for each iteration of the CV

·predictions.csv-predictions made by the classifier

·classifiers.csv-predict spec for each iteration of the CV

·feature_importance.csv-final coefficients for each feature

·feature_stamce.csv-with the bac, sens, spec, and coefficients for each permutation

·metrics_permutation_pvalue.csv-final bac, sens, and spec with corresponding p-values

·coef_permutation_pvalue.csv-final coefficients and corresponding p-values for each feature

5.3.3 结论

能够以75%的准确率在个体水平上区分SZ和HC,然而更复杂的机器学习方法应该会带来更高的性能。有几种策略可以用来改进模型。也许最明显和直接的策略之一是尝试不同的分类器。实际上,可以实现几个最常用的分类器,而不必对上面的代码做太多更改。另一种可能的策略是添加一个功能选择步骤来删除不太相关的功能。然而,管道中对性能影响最大的元素可能是用作输入的特征的类型。因此,进一步的策略是尝试其他类型的特征,例如体素级数据(而不是脑区级),它们可能会为分类任务传递更多有用的信息。也可以尝试在同一个模型中使用不同类型特征的组合,基于不同特征可能捕捉研究的不同方面的概念。然而,这将引发其他问题,如需要考虑和解决的高维问题。在模型中添加一个降维步骤,例如主成分分析,将有助于处理这个问题。总的来说,尝试不同的方法被认为是很好的实践。然而,重要的是要避免构建特定的管道,这种管道适合一个特定的数据集,但如果在另一个数据集上测试,则不太可能很好地执行。这对于大脑研究尤其重要,因为大脑研究的数据集通常很小,导致过拟合的风险很高。鉴于人们对应用机器学习方法研究大脑的兴趣日益增加,研究人员和临床医生对其潜力和局限性有更大的认识,这是很重要的。学习如何应用机器学习,或者至少理解它的实际实现,是洞察它的优点和缺点的好方法。例如,学习了机器学习分析的灵活性,在每个阶段都可以选择几个可能的选项。另外,也讨论了几个需要解决的问题,以最小化偏倚风险,如损失数据、数据不平衡、混杂变量,以及适当使用嵌套CV进行超参数调整。希望本书将鼓励机器学习新手迈出设计、构建和测试他们自己的机器学习模型的第一步。

5.4 流程及程序代码说明

5.4.1 原点校正

```
# 添加SPM路径
addpath('path_to_spm_folder');# 将"path_to_spm_folder"
```

替换为实际的SPM文件夹路径
　　# 设置SPM默认值
　　spm('defaults','PET');
　　# 选择原始NIfTI图像文件
　　niftiFile=spm_select (1, 'image', 'Select original NIfTI image file');
　　# 读取NIfTI图像
　　niftiData=spm_vol(niftiFile);
　　niftiVol=spm_read_vols(niftiData);
　　# 原点校正处理
　　centeredFile=fullfile(fileparts(niftiFile),['c',niftiData.fname]);
　　centeredData=struct ('fname', centeredFile, 'dim', niftiData.dim,'dt',niftiData.dt,'mat',niftiData.mat);
　　spm_reslice({niftiFile}, centeredData, struct ('mean', false));
　　# 显示原始和校正后的图像
　　figure;
　　subplot(1,2,1);
　　imshow(niftiVol(:,:,round(size(niftiVol,3)/2)),[]);
　　title('原始图像');
　　subplot(1,2,2);
　　centeredVol=spm_read_vols(centeredData);
　　imshow(centeredVol(:,:,round(size(centeredVol,3)/2)),[]);
　　title('校正后的图像');
　　# 移除SPM路径
　　rmpath('path_to_spm_folder');

　　确保将"path_to_spm_folder"替换为实际安装SPM工具箱的文件夹路径。此程序首先添加SPM路径并设置SPM默认值。然后,它会要求选择原始的NIfTI图像文件,并读取该文件。最后,程序使用SPM工具箱对NIfTI图像进行原点校正处理,通过调用spm_reslice函数实现。校正后的图像将保存在与原始图像相同的文件夹中,以"c"前缀命名。最后,程序显示原始图像和校正后的图像。

5.4.2 DICOM格式的图像转换为NIfTI格式

在运行此程序之前,请确保已经安装了"DICOM Importer"和"NIfTI Tools"这两个MATLAB工具箱,可以通过在MATLAB命令窗口中运行以下命令来安装它们:

```
# 安装DICOM Importer工具箱
matlab.addons.toolbox.installToolbox('DICOM Importer.mltbx');
# 安装NIfTI Tools工具箱
matlab.addons.toolbox.installToolbox('NIfTI Tools.mltbx');
# 读取DICOM文件夹中的所有DICOM图像
dicomFolder='path_to_dicom_folder';# 将"path_to_dicom_folder"替换为实际的DICOM文件夹路径
dicomFiles=dir(fullfile(dicomFolder,'*.dcm'));
numDicomFiles=numel(dicomFiles);
# 创建一个空的NIfTI结构体
nifti=struct();
# 遍历DICOM文件并进行转换
for i=1:numDicomFiles
    dicomFilePath=fullfile(dicomFolder,dicomFiles(i).name);
    dicomInfo=dicominfo(dicomFilePath);
    dicomImage=dicomread(dicomFilePath);
    # 将DICOM图像添加到NIfTI结构体中
    nifti.hdr=dicomInfo;
    nifti.img(:,:,i)=dicomImage;
end
# 保存NIfTI文件
niftiFilepath= 'path_to_save_nifti_file.nii'; # 将"path_to_save_nifti_file.nii"替换为实际要保存的NIfTI文件路径
nifti.img=int16(nifti.img);# 将图像数据类型转换为有符号的16位整数
```

```
save_nii(nifti,niftiFilepath);
```
确保将"path_to_dicom_folder"替换为包含DICOM图像的实际文件夹路径,并将"path_to_save_nifti_file.nii"替换为要保存的NIfTI文件的实际路径。此程序将遍历DICOM文件夹中的所有DICOM图像,将其转换为NIfTI格式,并保存为一个NIfTI文件。

5.4.3 T_1图像组织分割与空间标准化

```
# 添加SPM路径
addpath('path_to_spm_folder'); # 将"path_to_spm_folder"替
```
换为实际的SPM文件夹路径
```
# 设置SPM默认值
spm('defaults','PET');
# 选择T₁图像文件
t1File=spm_select(1,'image','Select T1 image file');
# 读取T₁图像
t1Data=spm_vol(t1File);
t1Vol=spm_read_vols(t1Data);
# 分割组织
segmented=cell(1,6);
for i=1:6
    segmented{i}=fullfile(fileparts(t1File),['c',num2str(i),t1Data.fname]);
end
spm_preproc_write(segmented,t1Data);
# 空间标准化
normalized=cell(1,1);
normalized{1}=fullfile(fileparts(t1File),['w',t1Data.fname]);
spm_preproc_write(normalized,t1Data);
# 显示分割和标准化结果
figure;
subplot(1,3,1);
```

```
imshow(t1Vol,[]);
title('原始T1图像');
subplot(1,3,2);
imshow(segmented{1},[]);
title('灰质分割');
subplot(1,3,3);
imshow(normalized{1},[]);
title('空间标准化');
# 移除SPM路径
rmpath('path_to_spm_folder');
```

确保将"path_to_spm_folder"替换为实际安装SPM工具包的文件夹路径。此程序首先添加SPM路径并设置SPM默认值；然后它会要求选择T_1图像文件，并读取该文件；最后程序将使用SPM工具包对T_1图像进行组织分割和空间标准化。分割结果以"segmented"变量保存，标准化结果以"normalized"变量保存。最后，程序显示原始T_1图像、灰质分割结果和空间标准化结果。

5.4.4 T_1图像平滑

使用SPM(Statistical Parametric Mapping)工具包来实现T_1图像的平滑处理。

```
# 添加SPM路径
addpath('path_to_spm_folder'); # 将"path_to_spm_folder"替
换为实际的SPM文件夹路径
# 设置SPM默认值
spm('defaults','PET');
# 选择T1图像文件
t1File=spm_select(1,'image','Select T1 image file');
# 读取T1图像
t1Data=spm_vol(t1File);
t1Vol=spm_read_vols(t1Data);
# 平滑处理
smoothedFile=fullfile(fileparts(t1File),['s',t1Data.fname]);
```

```
smoothedData=struct ('fname', smoothedFile, 'dim',
t1Data.dim,'dt',t1Data.dt,'mat',t1Data.mat);
spm_smooth(t1Data,smoothedData,[8 8 8]);
```
在这里,[8 8 8]是平滑核的尺寸,可以根据需要进行调整

```
# 显示原始和平滑后的图像
figure;
subplot(1,2,1);
imshow(t1Vol,[]);
title('原始T1图像');
subplot(1,2,2);
smoothedVol=spm_read_vols(smoothedData);
imshow(smoothedVol,[]);
title('平滑后的T1图像');
# 移除SPM路径
rmpath('path_to_spm_folder');
```

请确保将"path_to_spm_folder"替换为实际安装SPM工具包的文件夹路径。此程序首先添加SPM路径并设置SPM默认值。然后,它会要求选择T_1图像文件,并读取该文件。其次,程序使用SPM工具包对T_1图像进行平滑处理,通过调用spm_smooth函数实现。在这个示例中,使用了平滑核的尺寸为[8 8 8],可以根据需要进行调整。平滑后的图像将保存在与原始图像相同的文件夹中,以s前缀命名。最后,程序显示原始T_1图像和平滑后的T_1图像。

5.4.5 提取ROI的MATLAB程序

```
# 读取T₁图像
t1Image=imread('path_to_t1_image.jpg');
```
将"path_to_t1_image.jpg"替换为实际的T_1图像路径

```
# 显示原始T₁图像
figure;
imshow(t1Image);
title('原始T1图像');
# 绘制ROI
roiMask=roipoly(t1Image);
```

```
roiImage=t1Image;
roiImage(~roiMask)=0;
# 显示提取的ROI
figure;
subplot(1,2,1);
imshow(t1Image);
title('原始T₁图像');
subplot(1,2,2);
imshow(roiImage);
title('提取的ROI');
```

确保将path_to_t1_image.jpg替换为实际的T_1图像路径。此程序首先读取T_1图像,并显示原始图像;然后通过使用roipoly函数绘制ROI,生成一个ROI的二进制掩膜;最后根据ROI掩膜,将原始图像中不在ROI内的像素设为0,并显示提取的ROI。

5.4.6 深度学习MATLAB程序

```
# 1. 准备数据
imds=imageDatastore('path_to_image_folder','LabelSource',
'foldernames','IncludeSubfolders',true);# 将"path_to_image_folder"替
换为实际的图像文件夹路径
    [imdsTrain, imdsValidation]=splitEachLabel(imds,0.7,
'randomized');
# 2. 构建卷积神经网络
layers=[
    imageInputLayer([32 32 3])
    convolution2dLayer(3,16,'Padding','same')
    reluLayer()
    maxPooling2dLayer(2,'Stride',2)
    fullyConnectedLayer(10)
    softmaxLayer()
    classificationLayer()
];
```

```
# 3.设置训练选项
options=trainingOptions('sgdm','MaxEpochs',10,'Vali-
dationData',imds Validation);
# 4.训练模型
net=trainNetwork(imdsTrain,layers,options);
# 5.使用训练好的模型进行预测
imdsTest=imageDatastore ('path_to_test_images', 'La-
belSource', 'foldernames','IncludeSubfolders',true);# 将
"path_to_test_images"替换为实际的测试图像文件夹路径。
YPred=classify(net,imdsTest);
# 6.显示预测结果
figure;
idx=randperm(numel(imdsTest.Files),4);
for i =1:numel(idx)
    subplot(2,2,i);
    I=readimage(imdsTest,idx(i));
    imshow(I);
    label=YPred(idx(i));
    title(string(label));
end
```

确保将"path_to_image_folder"替换为包含训练图像的实际文件夹路径,并将"path_to_test_images"替换为包含测试图像的实际文件夹路径。此程序使用一个简单的卷积神经网络(CNN)来对图像进行分类。首先,准备数据并将其分为训练集和验证集。然后,构建CNN模型的层次结构。其次,设置训练选项,例如优化器和最大训练轮数。最后,使用训练数据和选项训练模型。训练完成后,使用测试图像进行预测,并显示预测结果。

5.4.7 深度学习Python程序

使用卷积神经网络(CNN)对图像进行分类。使用TensorFlow库来构建和训练模型:

```
import tensorflow as tf
from tensorflow.keras import layers, models
```

```python
# 1. 准备数据
train_data=tf. keras. preprocessing. image_dataset_from_directory(
    'path_to_train_folder',
    validation_split=0.2,
    subset="training",
    seed=123,
    image_size=(32,32),
    batch_size=32
)
validation_data=tf. keras. preprocessing. image_dataset_from_directory(
    'path_to_train_folder',
    validation_split=0.2,
    subset="validation",
    seed=123,
    image_size=(32,32),
    batch_size=32
)
# 2. 构建卷积神经网络
model=models.Sequential([
    layers. experimental. preprocessing. Rescaling (1./255),
    layers. Conv2D (16, 3, padding= 'same', activation='relu'),
    layers.MaxPooling2D(),
    layers. Conv2D (32, 3, padding= 'same', activation='relu'),
    layers.MaxPooling2D(),
    layers.Flatten(),
    layers.Dense(64,activation='relu'),
    layers.Dense(num_classes,activation='softmax')
])
# 3. 编译模型
```

```
model.compile(optimizer='adam',
            loss=tf.keras.losses.SparseCategorical-
Crossentropy(from_logits=True),
            metrics=['accuracy'])
# 4. 训练模型
model.fit(train_data,validation_data=validation_data,
epochs=10)
# 5. 使用训练好的模型进行预测
test_data=tf.keras.preprocessing.image_dataset_from_
directory(
    'path_to_test_folder',
    image_size=(32,32),
    batch_size=32
)
predictions = model.predict(test_data)
# 6. 显示预测结果
class_names = train_data.class_names
for images, labels in test_data:
    for i in range(len(labels)):
        prediction = class_names[tf.argmax(predictions[i])]
        true_label = class_names[labels[i]]
        print("Predicted: {}, True label: {}".format
(prediction, true_label))
```

确保将"path_to_train_folder"替换为包含训练图像的实际文件夹路径,并将"path_to_test_folder"替换为包含测试图像的实际文件夹路径。此程序使用TensorFlow库构建和训练一个简单的CNN模型,对图像进行分类。首先,准备训练数据和验证数据。然后,构建CNN模型的层次结构。其次,编译模型,指定优化器、损失函数和评估指标。最后,使用训练数据和验证数据训练模型。训练完成后,使用测试数据进行预测,并显示预测结果。

5.4.8 支持向量机的Python程序

```
from sklearn import svm
from sklearn.model_selection import train_test_split
```

```
from sklearn.metrics import accuracy_score
# 准备数据
X=[[0,0],[1,1],[2,2],[3,3]]
y=[0,0,1,1]
# 划分训练集和测试集
X_train,X_test,y_train,y_test=train_test_split(X,y,test_size=0.2,random_state=42)
# 创建SVM分类器
clf=svm.SVC(kernel='linear')
# 训练模型
clf.fit(X_train,y_train)
# 在测试集上进行预测
y_pred=clf.predict(X_test)
# 计算准确率
accuracy=accuracy_score(y_test,y_pred)
print("准确率:",accuracy)
```

使用sklearn库中的svm模块来构建SVM模型。首先,准备了输入特征矩阵X和对应的类标签y。然后,使用train_test_split函数将数据划分为训练集和测试集。其次,创建了一个线性核函数的SVM分类器,并使用训练集进行训练。最后,使用测试集进行预测,并计算准确率。

第6章
中、美飞行员训练对比

中美两国的飞行员训练情况存在一定的差异。在中国,成为一名民航飞行员需要经过长达数年的系统化训练,包括基础教育、体能训练、理论课程和实际飞行任务等多个阶段。中国民航飞行员的培训标准非常严格,要求身体健康,视力、听力、反应速度等方面都符合规定标准。此外,在中国,飞行员的培训和考核都由中国民航局负责监管。与此不同的是,在美国,飞行员的培训主要由私人飞行学校和联邦航空管理局(FAA)负责监管。成为一名民航飞行员需要完成一定的飞行小时数和理论知识考试,并通过FAA的认证。相较于中国,美国的飞行员培训更加灵活,但也存在一定的安全隐患。中美两国的飞行员训练都有其各自的优势和不足之处。中国的飞行员培训标准更加严格,注重基础教育和实践能力的培养,但培训时间较长。而美国的飞行员培训更加灵活,时间短,但也存在安全隐患。无论哪种方式,都需要高度专业精神和心理素质的保障,以确保飞行安全。

6.1 中国飞行员训练过程概述

6.1.1 理论课程

飞行员的培训过程可以分为多个阶段。在开始接触理论知识之前,飞行员需要先接受基础教育和体能训练,以帮助他们适应高强度训练和长时间做出高负荷反应的要求。在接受了基础课程和筛选测试后,飞行员开始接受理论知识的培训。这些理论课程包括航空学原理、机械学、航空器系统和气象等方面的内容。此外,视觉课程也是重要的一部分,通过模拟器进行实践,帮助飞行员掌握飞机的性能、不同系统的工作原理以及航空器的适航规定等。

飞行员的培训过程需要长时间的学习和实践,旨在培养飞行员的专业技能,从而使之能够在实际飞行任务中表现出色,确保航空安全并保护乘客的生命财产安全。在飞行员开始接触理论课程之前,他们需要通过一系列的筛选和测试,以确保他们具备成为合格飞行员的基本条件。同时,飞行员还需要具备承受高压、紧急情况的能力,因此心理测试也是必不可少的一部分。飞行员的培训过程需要经过多个阶段的学习和实践,从基础教育到理论课程再到实际飞行任务。只有通过不断地训练和实践,飞行员才能够在各种复杂的飞行任务中胜任,并确保飞行安全。

6.1.2 地面训练

在地面训练阶段,除了理论课程的学习,飞行员还需要进行各种机舱操作的练习,这些练习有助于飞行员加深对座舱和系统功能的理解,逐渐强化操作技能,培养飞行员反应迅速的能力,更好地应对紧急情况和其他系统故障。

首先,飞行员会进行简单的机舱布置、起落架和座舱操作等练习,以便更好地理解机舱的不同部位和如何操作它们。练习包括如何使用驾驶舱的各种指示器、按钮和杠杆,以及如何在紧急情况下检查驾驶舱和座舱设备的操作。其次,飞行员还需要进行应对紧急情况和系统故障的应急演练。在这些练习中,飞行员需要迅速地对紧急情况进行识别,并在短时间内做出反应。例如,如何在一个发动机故障时进行紧急返航、如何处理航空恶劣天气、如何应对其他飞行中的故障和应急情况。这些训练旨在帮助飞行员在紧急情况下迅速反应并制定出适当的决策,使飞机安全着陆。

通过地面实习练习,飞行员可以更好地理解飞机系统和操作技术,加强应对紧急情况的能力,并在飞行实践中帮助他们应对飞机系统、天气、机械故障等种种问题,确保乘客安全,并完成任何飞行任务。

6.1.3 模拟器训练

在飞行训练的过程中,模拟器训练也是一个重要的环节,它可以帮助飞行员在安全的环境中模拟实际的飞行任务,包括起飞和着陆、高空巡航、航线规划等。模拟器训练往往包括单发动机、多发动机、有仪器和无仪器条件下的飞行等多个不同的模式,以模拟不同的飞行场景。飞行员在训练中可以模拟不同的天气、机械故障以及其他紧急情况,这样他们可以更有效地与系统互动以及练习应对这些故障和情况的技能。

值得一提的是,模拟器训练还是飞行员对新技术和新飞机的了解和适应的好方式。例如,对于新型的自动驾驶系统,飞行员可以通过模拟器训练亲身体验和学习如何使用新技术和新系统。

6.1.4　实际飞行任务

经过一系列的模拟器训练和基础的实地训练之后,飞行员需要进行实际的飞行任务。初级的培训通常是在小型噪声小的飞机上,包括基础的飞行训练、单引擎和多引擎转场训练、复杂的管制等。随着经验的增加和技能的提高,飞行员逐渐会开始接受更具挑战性的飞行任务,包括在恶劣天气中作业、飞抵非镇守机场、在极端环境中飞行以及进行紧急医疗撤离等。这些任务需要飞行员拥有更高的技能和更丰富的经验,才能够应对各种紧急情况。

此外,对于一些特殊领域的飞行任务,例如军事飞行任务、消防飞行任务和搜救飞行任务等,飞行员还需要经过额外的特殊训练,以满足任务的特殊需求。飞行员需要经过长期的系统化训练,不断提升技能和经验,才能胜任不同等级和不同领域的飞行任务。同时,飞行安全也需要飞行员的高度专业精神和心理素质的保障。只有通过不断地训练和实践,飞行员才能够胜任各种复杂的飞行任务,并确保飞行安全。

6.1.5　技能和知识

飞行员需要掌握广泛的技能和知识,包括但不限于以下几个方面。首先,飞行员需要了解飞机的构造、飞行原理、气象学、航空法规等基础知识,以便在飞行任务中做出正确的决策。其次,他们需要具备一定的机械维修技能,以应对常见的紧急情况和故障。此外,飞行员还需要掌握空中导航、飞行计划和飞行规划等技巧,以确保飞行的安全和准确性。应对紧急情况和独立决策的能力也是必不可少的技能之一。同样重要的是,对于跨国飞行任务,多语言和跨文化交流技能也是很重要的。

除此之外,飞行员还需要掌握精准而高效的飞行控制技能,包括起降、滑行和悬停等。飞行员需要不断地更新知识和技能,以适应新的机型和新的技术进展。他们必须不断学习和精进自己的技能和经验,以保证飞行的安全和顺利完成任务。重要的是,飞行员必须保证身体健康和心理素质稳定,以承受高强度的工作压力和应对突发情况。只有全面掌握各种技能和知识,才能成为一名合格的飞行员。

6.1.6 面临的挑战

飞行员训练过程中面临的挑战包括技术方面和心理方面的。在技术方面,学习飞行理论和技能周期长且过程复杂,需要掌握引擎和飞行器的控制、气象条件、飞行规则和管制等基础知识,这需要大量时间学习和掌握。实践飞行过程中还会面对各种挑战,如恶劣天气、机械故障、无人机干扰等。随着技能和经验的提高,学习更高级别的技能和更复杂的操作,如在山区和城市区域内飞行,应对紧急情况等,也会增加复杂性。

在心理方面,长时间的机舱内孤独和单调的环境会对飞行员产生压力和厌烦感。承担复杂的飞行任务不可避免地会面临各种危险和紧急情况,这需要飞行员快速思维和确定措施,同时还要在强大的工作压力下保持稳定的身心状态。

为了应对这些挑战,飞行员训练过程中通常采取系统化的训练方法,包括基础知识训练、模拟训练、实地训练和空中训练等。此外,训练中也需要传授飞行员心理压力管理和决策制定技巧,以使他们可以更好地应对各种挑战。只有经过全面的训练和充分准备,飞行员才能够胜任各种复杂的飞行任务并保障飞行安全。

6.2 美国飞行员训练过程概述

美国飞行员训练的整个过程包括以下阶段。

6.2.1 基础飞行训练

基础飞行训练是飞行员培训的第一阶段,通常持续6个月至1年。在这个阶段,学员会接受基本的飞行知识和技能培训,包括航空学、机械学、气象学、导航学、飞行器系统、飞行原理等方面的知识。在航空学方面,学员需要了解航空领域的基本概念、航空法规、航空器的分类和性能等。在机械学方面,学员需要了解飞行器的结构、动力系统、机械部件的工作原理和维护方法等。在气象学方面,学员需要了解各种天气现象对飞行的影响、气象预报和飞行前的气象检查等。在导航学方面,学员需要了解导航方法和设备、航线规划和导航计算等。在飞行器系统方面,学员需要了解飞行器的各种系统,如燃油系统、电气系统、液压系统等。在飞行原理方面,学员需要了解飞行器的稳定性、机动性、起飞和着陆的原理等。在基础飞行技能方面,学员需要掌握飞行器的基本操作技能,如起飞、爬升、下降、转弯和着陆等。此外,学员还需要学习如何应对紧急情况,如发动机故障、电气故障、失速等。在基础飞行员训练结束后,学员需要通过一系列考试和评估,以获得基础飞行员资格证书,才能继续进行下一阶段的飞行员培训。

6.2.2 飞行技术训练

飞行技术训练是飞行员培训的第二个阶段,通常持续6个月至1年。在这个阶段,学员会开始进行飞行技术训练,包括起飞、飞行、着陆、失速和紧急情况处理等技能。在起飞技术方面,学员需要掌握如何正确地操作飞行器,进行起飞前的检查和准备,以及如何进行安全的起飞。在飞行技术方面,学员需要掌握如何保持飞行器的稳定性,如何进行导航和航线规划,如何应对各种天气条件和飞行环境。在着陆技术方面,学员需要掌握如何进行正确的进近和着陆,如何应对各种着陆场地和着陆条件。此外,学员还需要掌握如何应对失速和紧急情况,如发动机故障、电气故障、系统故障等。在飞行技术训练中,学员会进行模拟飞行和实际飞行的训练,通过反复练习,逐渐提高飞行技术水平。同时,学员还需要学习如何进行飞行计划和飞行日志的记录,以及如何进行飞行器的维护和保养。在飞行技术训练结束后,学员需要通过一系列考试和评估,以获得飞行技术训练合格证书,才能继续进行下一阶段的飞行员培训。

6.2.3 仪表飞行训练

仪表飞行训练是飞行员培训的第三个阶段,通常持续3~6个月。在这个阶段,学员将接受仪表飞行训练,以提高其在低能见度条件下的飞行技能。在仪表飞行训练中,学员需要学习如何使用各种仪表和导航设备,如方向陀螺仪、速度计、高度表、导航仪等,在没有视觉参考的情况下进行飞行。学员还需要学习如何进行仪表进近和着陆等技术,以及如何应对失速和其他紧急情况。在仪表飞行训练中,学员会进行模拟飞行和实际飞行的训练,通过反复练习,逐渐提高仪表飞行技能水平。同时,学员还需要了解仪表飞行相关的法规和规定,以确保飞行安全和合规性。在仪表飞行训练结束后,学员需要通过一系列考试和评估,以获得仪表飞行训练合格证书,才能继续进行下一阶段的飞行员培训。

6.2.4 高级技术训练

在美国飞行员培训的第四个阶段,即高级技术训练阶段,学员将接受更加高难度的技术训练,通常持续6个月至1年。这些技能包括高级机动、航线飞行、空中加油、低空飞行和战术飞行等。在高级机动训练中,学员需要掌握更加复杂的飞行技能,如滚转、俯仰、翻滚和倒飞等,以及如何应对各种紧急情况。在航线飞行训练中,学员需要学习如何进行长距离航线规划和导航,如何应对各种天气条件和飞行环境,以及如何记录飞行计划和飞行日志。在空中加油训练中,学员需要学习如何与加油机进行空中加油,以延长飞行器的飞行时间和作战半径。在低空飞行训练中,学员需要学习如何在低空飞行中保持飞行器的稳定性和安全性,以及如何应对低空飞行中的各种挑战和危险。在战术飞行训练中,学员需要学习如何进行空中作战、导弹射击、轰炸等技能,以及如何应对空中战斗中的各种情况和挑战。在高级技术训练中,学员将进行模拟飞行和实际飞行的训练,通过反复练习,逐渐提高高级技术水平。同时,学员还需要了解相关法规和规定,以确保飞行安全和合规性。在高级技术训练结束后,学员需要通过一系列考试和评估,才能获得高级技术训练合格证书,成为一名合格的飞行员。

6.2.5 武装飞行员训练

武装飞行员训练是飞行员培训的最后一个阶段,通常持续6个月至1年。在这个阶段,学员将接受武装飞行员训练,包括空中作战、轰炸、侦察、电子战等方面的技能。在空中作战训练中,学员需要学习如何进行空中作战、导弹射击、机炮射击等技能,以及如何应对各种空中作战情况和挑战。在轰炸训练中,学员需要学习如何进行精确轰炸、区域轰炸等技能,以及如何应对不同的轰炸环境和情况。在侦察训练中,学员需要学习如何进行空中侦察、目标识别等技能,以及如何应对各种侦察情况和挑战。在电子战训练中,学员需要学习如何进行电子干扰、电子侦察等技能,以及如何应对各种电子战情况和挑战。在武装飞行员训练中,学员会进行模拟飞行和实际飞行的训练,通过反复练习,逐渐提高武装飞行员的技能水平。同时,学员还需要了解相关的法规和规定,以确保飞行安全和合规性。在武装飞行员训练结束后,学员需要通过一系列考试和评估,以获得武装飞行员训练合格证书,才能成为一名合格的武装飞行员。

6.2.6 战斗机飞行员训练

战斗机飞行员训练是飞行员培训的一个重要阶段,通常持续6个月至1年。在这个阶段,学员将接受战斗机飞行员训练,包括空中格斗、导弹射击、机炮射击等技能。在空中格斗训练中,学员需要学习如何进行空中格斗、近距离空战、远距离空战等技能,以及如何应对各种空中作战情况和挑战。在导弹射击训练中,学员需要学习如何进行导弹射击、目标锁定等技能,以及如何应对不同的导弹射击环境和情况。在机炮射击训练中,学员需要学习如何进行机炮射击、精度控制等技能,以及如何应对不同的机炮射击环境和情况。在战斗机飞行员训练中,学员会进行模拟飞行和实际飞行的训练,通过反复练习,逐渐提高战斗机飞行员的技能水平。同时,学员还需要了解相关的法规和规定,以确保飞行安全和合规性。在战斗机飞行员训练结束后,学员需要通过一系列考试和评估,以获得战斗机飞行员训练合格证书,才能成为一名合格的战斗机飞行员。

以上是美国飞行员训练的大致过程,但不同的训练计划和学员背景可能会有所不同。例如,军事分支、飞行任务、飞行器类型、经验水平等因素都会影响飞行员训练的具体内容和时间安排。此外,对于已经有民用飞行执照的学员,他们可能会参加特殊的飞行员转型培训课程,以适应军用飞行的要求。不同的训练计划和学员背景都会导致飞行员训练的差异,但这些训练都旨在提高飞行员的技能和能力,以确保他们能够完成各种飞行任务并保证飞行安全。

6.3 中、美飞行员训练的差距分析

中国和美国飞行员训练在训练时间、训练内容、训练手段和训练环境等方面存在差异。中国注重培养基础技能,如基础飞行、仪表飞行等,而美国更加注重实战应用,如空中作战、导弹射击等;在模拟器和虚拟现实技术方面,中国的水平相对于美国还有待提高;在低空飞行和高空飞行方面,中国的训练环境

因为空域限制而不如美国。总体而言,中国和美国飞行员训练的整个过程在目标、方法和手段上存在差异,但都是为了培养出具备优秀技能和实战能力的飞行员。

  中美飞行员训练在训练设备、训练教材、训练质量和训练环境等方面存在差距。美国拥有更加先进的模拟器和虚拟现实技术,可以提供更真实的飞行环境和情境模拟;其训练教材更加丰富,包含更多实战案例和应用技巧。而中国的训练设备和训练教材还有待提高和完善。此外,美国的飞行员训练历史悠久,经验丰富,训练质量相对更高;而中国的飞行员训练还处于发展阶段,需要不断改进和提高训练质量。美国的训练空域和训练基地条件更优越,能够提供更好的训练环境和设施,而中国的训练空域和训练基地相对来说还有一定限制。总体而言,虽然中美飞行员训练存在差距,但随着中国的不断发展和进步,中国的飞行员训练也在不断提高和完善。

第7章
基于神经科学的训练方法

从神经科学的角度出发,可以探讨如何利用飞行员大脑中发达的区域,来提升其核心技能的训练效果。飞行员大脑的前额叶皮质和顶枕皮质有高度的神经可塑性,这使得可以通过针对性的训练来促进大脑的适应性和改变。

(1)在训练过程中,可以采用"脑力拼图"等训练方式来加强飞行员的认知和空间思维能力。这些训练方式可以通过刺激大脑的颞顶区域,来提高飞行员的快速反应和视觉注意力,从而增强其对周围环境的感知和敏感度。

(2)对于飞行员核心技能的训练,可以采用"计算仿真",这是一种模拟飞行训练的有效方式。在这种训练中,可以通过实时感知和反馈,将飞行员的行为与目标进行比较,以便提高其应对突发事件的能力。这也可以在语言、目标追踪和空中导航方面提供更好的支持和帮助,帮助飞行员更好地执行任务。

(3)可以尝试引入"神经反馈",这是一种技术,可以通过大脑电位检测和生物反应测量来提供飞行员的个性化训练和支持。这可以帮助飞行员更好地理解自己的神经活动,从而在训练过程中更高效地调整和优化各种技能。

神经科学的研究提供了一系列改进训练方法和技术,可以针对飞行员的大脑特点,为其核心技能提供更高效的训练和支持。这些方法不仅可以帮助飞行员更好地执行任务,还可以提高其生产效率,并对其长期健康产生积极影响。

7.1 飞行特征阈值的选取方法

研究表明,长期从事飞行职业的飞行员与非飞行员相比,在某些脑区存在明显的结构和功能差异。因此,通过对这些脑区进行排序,可以确定哪些是与飞行正相关的脑区。同时,飞行训练还可以促进某些脑区的发育和功能,因此可以确定哪些是飞行训练正向促进的脑区。在确定了脑区排序时,分界点的确定非常重要。通常,可以根据数据特征和经验来确定分界点。例如,可以通过样本均值和标准差来确定分界点,或者通过机器学习算法来确定分界点。可以通过对排序数据进行分析,确定哪些脑区是飞行职业正向促进的。这些研究结果将有助于更好地理解飞行员的认知和神经生理特征,并为飞行员培训和安全提供更好的指导。

7.1.1　通过数据特征确定阈值

在一些情况下,可以通过数据特征确定阈值,下面介绍一些常用的方法。

1. 基于平均值和标准差

根据数据的均值和标准差来确定阈值。一般情况下,可以根据数据分布的正态性基于均值加减标准差的倍数来确定阈值。例如,可以根据数据的2倍标准差来选择阈值。

2. 基于最大值和最小值

根据数据的最大值和最小值来确定阈值。这种方法可以保证阈值在数据的范围内,但也可能过于保守而不能准确区分异常值。

3. 基于百分位数

根据数据的百分位数来确定阈值。例如,可以选择95%的百分位数作为阈值,这将过滤掉超过95%的数据,也就是非常极端的值。

4. 基于离群点检测算法

根据数据的离散程度来确定阈值。例如,可以使用箱形图或均方差来检测数据分布是否存在离群点,并根据检测结果来确定阈值。

在使用数据特征来确定阈值的时候,需要考虑数据的分布情况,避免过于保守或过于宽松,以保证阈值的准确性和实用性。

7.1.2　通过具体的问题和应用场景确定阈值

确定特征和阈值需要根据具体的问题和应用场景,下面给出一个相对通用的选择策略供参考。

1. 数据分布是否近似正态分布

如果数据近似正态分布或对称分布,则可以使用均值和方差等特征来确定阈值,如均值加减2倍标准差等。

2. 数据分布是否偏态分布

如果数据分布呈偏态分布,则应根据实际情况选择合适的特征和阈值,如使用中位数和四分位数等更稳健的特征。

3. 是否有异常值

异常值对于特征和阈值的选择有较大的影响,如果数据中存在异常值,则应选择更稳健的特征和阈值。

4. 数据量大小

数据量大小也会影响特征和阈值的选择,如果数据量较小,可以使用经验阈值来处理,如果数据量比较大,则应根据实际数据和应用场景来选择合适的特征和阈值。

选择哪个数作为阈值会依赖于具体的应用场景和数据分布情况,没有一个固定的标准。在某些情况下,可能需要考虑数据中的异常值或其他特殊性质,以确定一个合适的阈值。

在没有更多信息的情况下,0或者中位数可能是两个比较常见的选择。0是因为它是对称的且可以将数据分为两个部分;中位数可以确保有50%的数据会被认定为正例。如果数据是正态分布的,也可以使用标准差来决定阈值,比如使用均值加减3倍标准差作为阈值。

阈值不是唯一的评估标准,应该根据具体场景综合考虑。假如阈值的选择很重要,那么应该进行模型评估和测试,以选择出最佳的阈值。

7.1.3 经验阈值

经验阈值指的是基于经验或者常识来确定的一个适当的阈值。这种方法常常用于缺乏先验知识或者数据量较小的情况下,为数据分析或者模型构建提供一个合理的参考值。

1. 3σ 法则

在正态分布的情况下,约有99.7%的数据会落在均值加减3倍标准差的范围内,因此可以将均值加减3倍标准差作为阈值。

2. 比例法则

当数据中有一部分已知为正例时,可以根据比例设定阈值。例如,一组数据中10%为正例,则可以将阈值设定为数据分布的前10%位置处。

3. 经验值法则

一些数据分析任务中,可使用经验值法则,例如,在某些医疗领域中,可以将某项指标的正常范围设定为一定的数值范围。

经验阈值是基于一定的假设和经验得出的,对于不同的数据和应用场景,可能需要根据实际情况做出一些调整,以确保其效果符合预期。通常情况下,使用经验阈值应该与其他更为严格的数学方法一起使用,以使得结果合理并过滤掉异常值。

7.1.4 阈值确定

对于给出的116个数,可以先对数据进行一些简单的统计,如求均值、方差、中位数和四分位数等,然后根据数据的分布和具体的需求来选择合适的特征,如可以选择均值加减标准差的倍数来选择阈值,或者使用四分位数来选择阈值,如果数据存在异常值,需要做一些特殊处理。最终阈值的选择应当经过实验验证,以确保其实际效果符合预期。

均值与方差方法是一种常用的确定阈值的方法,其基本思想是通过对历史数据进行统计分析,求出数据的均值和方差,并根据实际需求确定阈值。具体操作步骤如下。

1. 收集历史数据

首先需要收集一定数量的历史数据,确保数据的可靠性和代表性。

2. 计算均值和方差

对收集到的历史数据进行统计分析,计算数据的均值和方差。计算均值和方差是确定阈值的重要步骤之一,它可以帮助了解数据的集中趋势和离散程度。

1)计算均值

均值是指所有数据的总和除以数据的个数。假设有 n 个数据,分别为 $x_1, x_2, ..., x_n$,则它们的均值为:

$$\text{mean} = (x_1 + x_2 + \cdots + x_n)/n$$

2)计算方差

方差是指每个数据与均值之差的平方的平均值。假设有 n 个数据,分别为 $x_1, x_2, \cdots, x_n$,它们的均值为 mean,则它们的方差为:

$$\text{variance} = [(x_1 - \text{mean})^2 + (x_2 - \text{mean})^2 + \cdots + (x_n - \text{mean})^2]/n$$

3. 确定阈值

根据实际需求,结合数据的均值和方差,确定合理的阈值。在确定阈值时,方差的取值范围需要根据实际需求和数据分布情况来确定。一般来说,

1)根据经验法则

在正态分布的情况下,约68%的数据位于均值加减一个标准差之间,约

95%的数据位于均值加减两个标准差之间,约99.7%的数据位于均值加减三个标准差之间。因此,可以根据经验法则选择合适的方差范围,例如选择均值加减2倍标准差作为阈值。

2)根据业务需求

阈值的选择应该根据具体的业务需求来确定。如果对精度要求较高,可以选择较小的方差范围;如果对精度要求较低,可以选择较大的方差范围。

3)根据数据分布

不同的数据分布对应着不同的方差范围。例如,在偏态分布的情况下,方差可能无法反映数据的离散程度,此时可以选择其他的统计量来确定阈值。

方差的取值范围只是一种参考,具体的阈值选择需要根据实际情况进行调整。在确定阈值时,还需要考虑数据的异常值和缺失值等因素,以确保阈值的准确性和可靠性,均值与方差方法适用于数据呈正态分布或近似正态分布的情况。对于非正态分布的数据,可以考虑使用其他的统计方法,如中位数和四分位数等。

本书取前32个脑区。

7.2 关键脑区的训练方法

1. 豆状核

豆状核的训练可以通过以下科学有效的方法进行。

1)锻炼身体

适量的有氧运动可以增加豆状核的细胞数量和连接,并改善神经元的功能。散步、跑步、骑自行车等运动方式都可以有效地锻炼身体。

2)专注力训练

专注力是豆状核功能的重要组成部分。通过一些训练来提高自己的专注力,例如做益智游戏、安静地冥想等,可以帮助豆状核更好地发挥作用。

3)学习新技能

学习新的技能可以刺激大脑中的豆状核,并促进神经元的发育。学习乐器、学习新的语言或技能等都是锻炼豆状核的好方式,这些活动可以帮助大脑形成新的神经回路。

4)保持良好的睡眠质量

睡眠不充足会影响豆状核的正常发挥,因此保持充足、良好的睡眠非常重要。

5）阅读和学习新知识

阅读和学习新知识不仅能够刺激大脑的各个部位的发育，还可以开启对知识的探索和理解，这可以帮助豆状核更好地发挥作用。

豆状核是大脑中的一个非常复杂的结构，需要通过多种科学有效的方法进行综合训练。建议在实践过程中，结合自身情况，量力而行，逐步探索出适合自己的训练方式。

2. 豆状壳核

豆状壳核位于大脑皮层下部，是人类运动和认知控制的重要区域。以下是一些针对性、科学有效的训练方法。

1）加强肢体运动控制的训练

豆状壳核主要参与肢体的运动协调和精细控制，通过进行一些手指灵活性的练习、健身操等能够促进肢体的优秀协调能力。

2）运动记忆训练

豆状壳核负责人类运动的执行和对运动的记忆，通过进行重复性的动作训练，可以增强豆状壳核对于运动记忆的处理能力。例如，学习跳舞、健身操、拳击等运动项目。

3）组织信息的训练

豆状壳核不仅参与运动控制，还负责组织和推断信息，可以通过有意识地将新学习到的信息与基础知识进行结合、理解复杂信息等训练来提高豆状壳核的信息组织和处理能力。可以通过各种阅读、思考、推理的训练来提高。

4）视觉空间定位的训练

豆状壳核在人类视觉系统中也发挥着重要的作用，特别是在空间感知和定位方面。视觉空间能力的提高可以通过视觉追踪、数学绘图、建模等任务来进行训练。

豆状壳核的训练是一个长期持续的过程，需要耐心和坚持。饮食和睡眠等方面也可以帮助豆状壳核的功能提高。

3. 后扣带回

后扣带回是大脑皮质的一部分，负责视觉、听觉和空间工作记忆等任务。以下是一些后扣带回训练的科学有效方法。

1）大量输出训练

通过多种视觉和听觉输入，例如阅读、观看视频和音频，然后写或口述内容摘要或说明。这种训练可以促进视觉和听觉信息的加工和输出，并增强后扣带回的工作记忆。

2）默写和背诵

背诵口诀、记数、名人名言等,可以增强短期工作记忆和增加后扣带回负责的空间工作记忆的负担。

3）认知训练

比如盲区测试、模式识别、空间导航等游戏,可以增强后扣带回负责的视觉、听觉和空间注意任务的处理能力。

4）训练听力

通过听力训练,将听觉信号差异逐渐缩小,在后扣带回中提高表征精度和辨识度。

5）训练多任务处理能力

模拟同时处理多个任务,通过各种训练增强后扣带回负责的多任务处理能力。

以上方法需要根据年龄和需求等因素来选择和组合。最好在专业医护人员指导下进行训练。

4. 丘脑

丘脑是大脑的重要组成部分,训练方法可以根据不同的功能需求来选择。下面列出了一些常见的丘脑训练方法。

1）感官刺激训练

通过视觉、听觉等感官刺激来刺激丘脑神经元,促进它们的活动和连接,可以提高感觉传递和信息处理能力。例如,听音乐和观看视频等活动都可以对丘脑进行训练。

2）运动训练

丘脑与大脑皮层和脊髓连接,可以通过运动训练来刺激这些神经元,增强运动控制和协调能力。例如,各种体育运动和舞蹈等活动都可以对丘脑进行训练。

3）内分泌调节训练

通过正常的生活方式和饮食习惯,保持良好的生活习惯,避免压力过大、负面情绪等因素对丘脑的影响,可以帮助丘脑维持正常的内分泌调节功能。

4）情感和行为调节训练

通过各种心理和行为干预方法,如认知行为疗法、冥想、正念等来训练丘脑参与情感和行为的调节,帮助人们更好地处理情绪、压力和心理问题等。

丘脑的训练方法根据不同的功能需求来选择,可以通过各种刺激、运动、生活方式和心理干预方法来进行训练。

5. 距状裂周围皮层

以下是一些距状裂周围皮层科学有效的训练方法。

1）认知训练

距状裂周围皮层是控制认知和情绪的关键区域之一。因此，认知训练可以通过不同的方法改善大脑的认知功能，刺激距状裂周围皮层的活动水平并形成新的神经连接。认知训练包括提高注意力、记忆训练、解决问题和思维训练等。

2）大脑训练游戏

大脑训练游戏可以通过刺激大脑与周围环境的互动提高距状裂周围皮层的活动水平。一些训练游戏包括数字迷宫、字谜、机器人迷宫、解谜游戏等。这种游戏不仅可以提高认知功能，还可以增加学习新技能和提高创造力等。

3）运动训练

运动可以提高大脑的氧气供应，并增加大脑中的神经生长因子，促进神经元的生长和学习能力的提高。具体的运动训练可以包括有氧运动和力量训练等，例如跑步、游泳、健身、瑜伽等。

4）冥想和放松练习

冥想和放松练习可以通过调整大脑的神经传递和降低压力，帮助刺激距状裂周围皮层的活动。这些练习可以包括深呼吸练习、瑜伽冥想、渐进性肌肉松弛练习等。

除此之外，距状裂周围皮层训练方法也需要综合考虑个体特点、训练环境、训练频率和持续时间等因素。为了达到最佳训练效果，最好在专业人士的指导下进行个性化的训练方案。

6. 蚓体8

蚓体8是小脑的一个区域，主要参与身体协调和平衡控制的调节。以下是几种科学有效的蚓体8训练方法。

1）单脚站立

将一只脚离地，抬高后保持20~30s，再换另一只脚，反复练习3~4次。这种训练方法可以增强蚓体8的平衡调节功能。

2）站姿肌肉弹性训练

双脚分开与肩同宽，弯膝屈腰让手指尽量接触地面，背部不要塌。站起时弯曲膝盖，回到姿势开始的状态。进行这样的训练可以增强蚓体8的协调能力。

3）躺姿眼前追踪训练

躺在地上仰面朝上，手臂放在身体两侧，抬起腿抬至90°，然后用视线追踪脚指头运动，反复练习可以提高蚓体8的协调性。

4）舞蹈

舞蹈能够提高身体的协调性和平衡控制，同时也可以锻炼蚓体8的功能。

5）体育锻炼

进行一些基础的运动项目，如跳绳、太极拳、瑜伽等有氧运动，这些运动可以有效训练蚓体8的协调和平衡功能。

通过以上几种训练方法的实践，在日常生活中能够有效地增强蚓体8的功能。最终达到提高身体协调性和平衡能力的效果。

7. 海马

海马科学有效的训练方法主要包括以下几种。

1）锻炼身体

锻炼身体可以促进血液循环和氧气供应，提高海马细胞的新陈代谢和功能。有研究表明，适度的有氧运动可以促进海马细胞产生和存储新的神经元。

2）避免压力

长期的压力会导致海马细胞的死亡，破坏海马的神经环路。因此，避免压力和情绪的波动是保护海马健康的重要策略。

3）合理饮食

保持健康的饮食习惯可以提供身体所需的营养和能量，从而有利于海马细胞的健康和调节。特别是含有蛋白质和富含肉类、鸡蛋、豆类等食品对海马细胞很有益。

4）大脑锻炼

大脑锻炼可以促进海马的活跃和生长。例如，学习一门新的技能，如弹钢琴、跳舞、学习新语言等都能激活海马，帮助海马改善功能或延缓老化。

5）超聚焦磁场刺激

超聚焦磁场刺激是一种利用磁场刺激大脑的新型疗法。通过定向刺激海马特定区域，可以增强海马的功能和新陈代谢，从而帮助预防或改善记忆问题。

目前并没有一种单一的训练方法可以完全改变海马的功能。只有多种方法的结合和坚持才能最大限度地提高和改善海马的功能。

8. 舌回

舌回灰质脑区（medial temporal lobe）是大脑的一个区域，主要参与记忆功能,科学有效的训练方法如下。

1)记忆锻炼

舌回灰质脑区是记忆功能的关键区域之一,进行记忆锻炼可以有效地加强舌回灰质脑区的记忆功能。训练可以包括与记忆相关的活动,如阅读、听取讲座及演讲、玩记忆游戏等。例如可以尝试一些记忆游戏来提高自己的记忆力,比如数学运算、图片记忆等。

2)解决难题

舌回灰质脑区对处理非常规或新的问题有帮助。因此,通过解决难题来训练舌回灰质脑区是一个很好的方法。可以尝试各种难题,例如数学难题或逻辑谜题等,以刺激大脑寻找新的思路。

3)增加感官输入的多样性

通过增加不同感官输入的多样性来刺激舌回灰质脑区的活动。这可以通过旅游、探险和体验新文化、新环境等方式实现。因为这些活动不仅提供了新的感觉刺激,而且对大脑的认知和探索能力也有积极的影响。

4)健康生活方式

偏食、缺乏运动和睡眠不足等不良生活方式都会影响舌回灰质脑区的正常功能。因此,保持健康的生活方式也是训练舌回灰质脑区的重要方法。坚持健康饮食、适当运动、足够睡眠等可以促进大脑健康。

舌回灰质脑区训练应因人而异,建议在医生或专业训练师的指导下进行个性化训练,以达到最佳效果。

9. 梭状回

针对梭状回的科学有效的训练方法,需要根据不同的目的和研究需求进行设计。以下是一些基于科学研究的梭状回训练方法。

1)语言加工训练

梭状回的下半部在语言加工中发挥着重要的作用,因此可以通过语言学习和练习来加强梭状回的功能。例如,可以进行语言学习练习,包括学习和记忆词汇和句子、语言表达演讲等,来刺激梭状回的活动和过程。

2)空间感知训练

梭状回的上半部与空间感知有关,可以通过各种空间感知训练来促进其功能。例如,可以进行空间记忆训练、定向导航训练等来刺激梭状回的活动和过程。

3)视觉加工训练

梭状回的前部与视觉加工有关,可以通过各种视觉加工训练来促进其功能。例如,可以进行视觉识别和辨别训练、视觉注意力训练等来刺激梭状回的活动和过程。

4)音乐训练

研究表明,音乐训练可以促进梭状回的灰质体积和连接强度。因此,可以进行音乐训练,包括学习和演奏乐器、唱歌等,来刺激梭状回的活动和过程。

针对梭状回的训练方法需要根据具体的目的进行设计,并根据科学研究来指导训练的实施和效果评估。此外,定期的训练和练习还可以促进梭状回的功能加强和提高。

10. 小脑的蚓体9

针对训练小脑的蚓体9的方法,主要包括以下几种。

1)平衡练习

平衡是蚓体9的主要功能之一,可以通过各种平衡训练来加强小脑的平衡和姿态控制能力。例如,站在一个脚上练习平衡,或者在偏移凸起和凹陷的平衡板上进行平衡训练等。

2)共济训练

共济失调是蚓体9损伤的常见表现,通过身体协调练习,包括双脚交替跳,蹦床、太极拳等运动,可以帮助训练和恢复小脑的协调能力。

3)眼动练习

蚓体9可以调整人体在空间中的方向感和视觉定向能力,因此,可以通过眼动练习,例如追踪移动物体、眼睛移动等路线,加强小脑的眼位控制能力。

4)身体意识训练

意识和运动之间的联系很重要,可以通过身体意识训练来帮助激活和加强小脑蚓体9区域的功能。例如,可以通过身体感官训练,例如观察身体的姿势和动作,在思考和记录它们的同时,可以促进身体感知和小脑协调。

以上是针对训练小脑蚓体9的一些常见方法,需要根据患者的具体情况和训练目标,个性化设计训练计划。

11. 内侧和旁扣带脑回

内侧和旁扣带脑回是人脑的重要结构,与记忆、情绪调节、思维等高级神经功能密切相关,以下是一些科学有效的针对内侧和旁扣带脑回的训练方法。

1)冥想练习

内侧和旁扣带脑回的功能与心理健康密切相关。正念冥想是一种通过集中注意力、放松身心来提高内省和情感自控能力的练习,经常进行正念冥想可以提高内侧和旁扣带脑回的灰质密度和活性化程度。

2)计算成语、复杂推理等智力训练

内侧和旁扣带脑回是大脑的信息处理中心,训练这一脑区可以提高智力,玩智力游戏和提高技能的练习都可以有效地激活内侧和旁扣带脑回。

3)尝试新事物的体验

内侧和旁扣带脑回不仅掌管记忆和智力,还控制人的情感辨别及情感调节。尝试新鲜事物,增加新鲜感和兴奋度,可以有效地激活内侧和旁扣带脑回,帮助人们更好地处理持久无法解决的情境和压力。

4)艺术、音乐和舞蹈表达

内侧和旁扣带脑回与创造力和审美感知紧密相关,通过绘画、音乐和舞蹈表达等艺术形式,可以更加深入地练习带脑回。

5)颅内直流电刺激(tDCS)

tDCS是一种特定类型的神经刺激技术,可以使大脑的神经元更容易激活,达到神经可塑性的增强。对于长期忧郁症状,tDCS可以增强内侧和旁扣带脑回的活性化程度,从而改善情感调节功能。

这些训练方法被证明可以增强内侧和旁扣带脑回的功能和灰质密度,并有助于人的心理健康和思维表达,但不同的训练应根据自身身体情况和具体需要进行选择和调整。

12. 楔叶

针对楔叶灰质脑区的训练方法。

1)触觉和体位感知训练

可以通过提高身体肌肉的稳定性和身体感觉的敏感性,增强楔叶灰质脑区的触觉和体位感知能力。具体训练方法包括平衡练习、瑜伽、普拉提等。

2)视觉感知和空间认知训练

可以通过视觉刺激和视觉认知训练来改善楔叶灰质脑区的空间感知和方向识别功能。具体训练方法包括解谜游戏、3D涂鸦等。

3)认知功能和工作记忆训练

可以通过记忆、推理、判断等训练来提高楔叶灰质脑区的认知功能和工作记忆。具体训练方法包括数学题练习、数字游戏、通过阅读增加词汇量等。

4)感官整合训练

通过多种感官刺激的训练,调节大脑中各个区域的信息整合和传递,以帮助大脑更好地适应外部环境。具体训练方法包括音乐练习、动态视觉训练、听觉判断等。

针对楔叶灰质脑区的训练方法需要因人而异。因此,建议在专业医生或专业训练师的指导下进行个人化训练,以得到最佳的训练效果。

13. 枕下回

枕下回的功能是与视觉信息加工、学习和记忆、意识和注意力密切相关的,针对不同的功能,有以下一些科学有效的训练方法。

1)视幻觉训练

视觉信息的处理和整合涉及多个脑区之间的联系和协作,可以通过一些特定的视幻觉训练来增强枕下回的功能。例如,一些视幻觉训练可以提高人们对不同颜色和形状的辨别能力,改善人们对物体的空间感知和方向感。

2)视觉记忆训练

枕下回也参与了视觉记忆的过程。人们可以通过观察、模仿记忆、联想等方式进行视觉记忆的训练,提高其视觉记忆的能力,从而增强枕下回的功能。

3)意识和注意力训练

枕下回还与意识和注意力有关,训练这些方面同样可以增强其功能。例如,通过一些注意力定向的训练,可以提高人们的注意力和注意力分配的能力,从而增强枕下回的相关功能。

任何训练都需要持之以恒,反复练习才能达到较好的训练效果。同时,如果需要进行这些训练,建议咨询专业的训练机构,听从专业人士的指导进行训练。

14. 嗅皮质

目前,嗅觉灰质脑区的训练方法正在积极研究中,尚未形成科学有效的方法,但是有一些研究表明一些行为训练可以使嗅觉灰质脑区得到一定程度的改善。

对于成人,嗅觉系统是可以被训练的。一些研究表明,嗅觉系统的训练可以增加大脑中嗅觉灰质区的体积,并且改善受训者的嗅觉敏感度和嗅觉辨别力。以下是一些有效的训练方法。

1)气味记忆练习

尝试通过反复暴露于特定气味,能够促进灰质脑区的新陈代谢从而改善嗅觉记忆功能。训练时可以尝试使用大量不同的气味,最好包括一些更不熟悉或异味的气味。

2)气味辨别

通过不同气味的辨别,可以提高嗅觉敏感度和嗅觉辨别度,从而促进灰质脑区的形态与功能改变。训练时可以使用盲测试,让受训者闭上眼睛来辨别不同的气味。

3)气味分类

尝试根据气味的特征将不同气味分类,例如根据气味的芳香性、甜味、咸味、酸味、苦味等。该训练可帮助受训者更好地理解气味背后的化学组成,提高嗅觉灰质区的功能。

目前,关于嗅觉训练的科学研究还比较有限,因此这些训练方法的效果仍需要更多的研究和实践来验证。同时,每个人的嗅觉系统和大脑结构也都有所不同,因此训练效果会因人而异。

15. 脑岛

目前,对于训练脑岛功能的方法尚没有固定的有效方案,因为脑岛的功能非常复杂,涉及多种不同的认知和情感过程。然而,有几种科学且有助于改善脑岛功能的训练方法:

1)冥想

冥想被证明可以增强大脑的灰质,尤其是脑岛的灰质密度。通过冥想,可以练习情感调节、注意力、自我觉察等技能,进而改善脑岛的功能。例如,可以尝试使用头戴式脑电图(EEG)设备来监测脑电波,并通过指导声音来帮助冥想。

2)认知训练

认知训练可以改善多种与脑岛功能相关的认知技能,如注意力、工作记忆和执行功能。通过认知训练可以调节脑岛相关的认知功能,并增强脑岛与其他区域的连接性。近年来,很多基于互联网的认知训练软件被广泛推广,如Lumosity、Cogmed等。

3)瑜伽

瑜伽可以帮助人们改善内部意识和注意力,与脑岛的功能密切相关。通过练习不同的瑜伽体位、呼吸和冥想可改善情感调节、压力缓解等方面的技能。

4)声乐和音乐疗法

音乐和唱歌被证明可以改善脑岛相关的认知和情感技能。例如,唱歌可以加强音调和节奏的感知和产生,改善情感表达和控制能力。音乐疗法同样也是一种有效的练习方式,尤其是针对情感调节和认知功能的训练。

以上几种方法都能够有效地改善脑岛的功能,但这些方法都需要有一定的训练和实践。同时,应当结合个人的情况并谨慎选择,避免造成不必要的损伤。

16. 回直肌

在大脑中回直肌方面的科学有效训练方法并不是很明确,因为大脑是一个复杂的器官,其功能受到多种因素的影响。不过,可以考虑以下一些方法来对大脑中回直肌进行训练。

1)认知训练

可以通过阅读、听力、写作等方式进行认知训练,以提高大脑的认知功能。

2)情绪调节练习

正确认识自己的情绪变化、学习有效应对情绪等方法,有助于促进大脑中回直肌的情绪及意识调节功能。

3)外部刺激

进行各种文化活动(如听音乐、看电影等)或者外出旅游、接触不同的环境刺激,有助于激活大脑中回直肌,并提高其对外部刺激的感受性。

4)社交互动

积极参与社交活动、与他人交流沟通,有助于激活大脑中回直肌,并提高其与他人交往的能力和适应性。

训练大脑中回直肌是一个自我调适的过程,要根据个体差异、实际需要和个人情况等因素灵活选择合适的方法,并坚持进行长期训练。同时,需遵循科学、规律和适度的原则,在不过度疲劳和损伤的基础上逐步提高训练强度和频度。

17. 枕中回

枕中回作为视觉处理中的关键区域,可以通过科学有效的训练来提高其功能和性能。以下是一些可以帮助训练枕中回的科学方法。

1)视觉训练

视觉训练是锻炼枕中回的一种有效方式,可以通过展示不同形状、颜色、大小、位置和方向的图像或者视频,训练人们对视觉刺激的敏感度和反应准确性,从而提高枕中回的功能。

2)色彩识别训练

通过显示不同的颜色和颜色组合来帮助人们区分和识别不同的颜色,提高枕中回的颜色识别能力。

3)空间定位训练

通过训练人们识别和记忆不同的物体的位置和大小,帮助人们形成空间定位能力,提高枕中回的空间定位功能。

4)视觉游戏训练

通过一些视觉认知游戏,如找出不同的图形、连连看等,来提高人们的视觉注意力和反应速度,从而训练和提高枕中回的功能。

以上训练方法需要经过科学的设计和实验验证才能发挥最大的效果,应该在专业人士的指导下进行训练。同时,训练应该适度和持续,不应过度训练,以免出现逆效果。

18. 杏仁核

杏仁核作为大脑中情感调节和记忆加工的重要区域,其训练需要综合考虑多个方面的方法,下面列出了一些科学有效的方法。

1)冥想和放松技巧

杏仁核与情绪调节密切相关,学会冥想和放松技巧是平衡情绪的重要手段。通过正念冥想、呼吸练习和身体放松等技巧,可以激活前额叶皮层以及大脑中与情绪调节相关的其他区域。

2)认知行为疗法

认知行为疗法可以帮助认识和改变消极的思维和行为模式。通过与情绪相关的思维和行为模式,可以减少对杏仁核的负面激活,从而调节情绪。

3)社交互动

杏仁核的相互作用与社交密切相关,通过积极的社交互动,可以促进杏仁核的正常发育和运作。例如,加入团体活动、与朋友交往、参加志愿活动等。

4)记忆训练

杏仁核与记忆加工相关,记忆训练是激活杏仁核的一种有效方法。例如,可以尝试记忆各种图形、数字、单词等,并与自己身边的事物联系起来,刺激大脑的记忆加工和存储功能。

以上方法建议结合个人实际情况进行选择和调整,并在专业人士的指导下进行。同时,秉持持续性的原则,可以选择适合自己的方法,坚持训练,才能达到更好的训练效果。

19. 前扣带和旁扣带脑回

前扣带和旁扣带是人脑重要的区域,对于高级认知功能和感知运动行为起着重要的作用,如决策、规划、注意力、工作记忆、视听整合、空间定向等。针对这些脑回,科学有效的训练方法可以分为以下几种。

1)认知训练法

认知训练法旨在提高人脑前扣带区域的功能,如加强注意力、工作记忆、规划和决策等。认知训练法包括一系列的认知和心理技能训练,如注意力训练、工作记忆训练、决策和规划训练。通过认知训练法进行脑回功能的提升,可以显著改进大脑的运作,从而更好地执行各种认知任务。

2)认知干预法

认知干预法是一种集中改变认知外部条件的技术。通过改变人脑外部条件,如交互式教育游戏、大屏游戏等,来刺激大脑的前扣带区域。认知干预法也被证明可以通过增加信息的输入和输出,提高大脑的认知功能和实现更好的学习。

3)磁或电刺激

磁或电刺激也是一种有效的方法,可以直接针对大脑的前扣带和旁扣带区域进行刺激。这些技术通过产生电流或磁场刺激脑回,以改善行为表现和认知功能。磁或电刺激通常需要通过专业医生的处理,以确保安全性和有效性。

有效的训练方法可以促进前扣带和旁扣带脑回的功能提升,提高脑回的执行、认知、注意力和规划等能力。任何训练方法都应当基于科学的方法和听从专业人员的指导,并且应根据个体差异进行定制。

20. 小脑9

针对小脑9的科学有效训练方法可以包括以下方法。

1)平衡练习

平衡练习可以帮助改善小脑9参与的平衡控制功能,例如站立、行走时单脚站立、闭目平衡练习等。这些练习可以帮助改善肌肉协调和平衡功能。

2)手部精细动作训练

小脑9与手部精细动作有关,在日常生活中的各种操作和手工活动中都需要手部精细动作的控制。通过进行各种手部活动的训练,如拧瓶盖、摆动打击乐器等,可以帮助训练小脑9的精细动作调节功能。

3)视觉运动训练

视觉对小脑9的调节也非常重要,可以进行如跳绳、打篮球等需要使用眼睛跟随运动的训练来锻炼小脑9的视觉运动调节功能。

4)运动协调训练

小脑9与肌肉协调有关,可以进行各种运动协调练习来训练小脑9的功能,如走路时换脚快速踏步、三点步等。

5)小球游戏训练

小球游戏可以帮助训练小脑9的协调能力和手部精细动作调节功能等,例如乒乓球、台球等。

以上训练方法只是科学有效的训练方法之一,具体的训练方法应根据患者具体情况制定,最好由专业的医生或治疗师提供个性化的训练方案。同时,训练应逐步增加难度和强度,持续性执行,才能达到最佳效果。

21. 枕下回

枕下回是大脑中一个功能复杂、结构深藏的区域,训练方式的选择应该结

合具体的训练目标和个体的实际情况,最好由专业医师或康复师指导。但一些常见有效的训练方法包括:

1)物理训练

包括平衡、协调、稳定性训练等,这些训练常常可以通过简单的平衡和协调活动、瑜伽、普拉提等方法实现。

2)认知训练

可以通过多种脑力游戏、促进大脑的思考和分析能力、提高记忆力、注意力、思维逻辑推理能力等方法进行。

3)艺术治疗

如音乐治疗、艺术绘画、手工制作等,可以通过刺激枕下回的神经改善相关功能的损害。

(4)物理治疗:以康复运动为疗法,配合使用电疗、磁疗、热疗等辅助疗法,加强对枕下回相关肌肉和神经的训练。

5)针灸与推拿

通过刺激穴位或推拿手法,改善枕下回受损相关区域的血液循环,促进身体的平衡和舒适感。

这些方法的有效性因人而异,而每种训练方式也有其特定的适应人群和注意事项,因此,在进行枕下回的训练时,应该选择合适的方法,并咨询专业医师或治疗师的意见,以确保训练的安全有效。

22. 海马旁回

海马旁回的科学有效的训练方法包括:

1)训练记忆

通过记忆一些事物、数字、字母、图片等简单的信息,可以刺激海马旁回的活动,训练海马旁回的记忆存储功能。例如可以通过数字记忆游戏、卡牌游戏、图片记忆游戏等方式进行训练。

2)学习新技能

学习新技能可以激活大脑多个区域的活动,包括海马旁回。例如学习新的语言、乐器等可以有效地激活海马旁回和其他脑区,帮助增强记忆能力和情绪调节能力。

3)锻炼身体

身体锻炼可以增加大脑的血液循环和氧气供应,促进神经元的生长和连接,激活大脑的多个区域包括海马旁回。例如有氧运动、瑜伽、中低强度的体能训练等都是有效的训练方式。

4)参加智力游戏

智力游戏可以增加大脑的灵活性和注意力,激活多个区域的活动,包括海马旁回。例如数独、填字游戏、脑筋急转弯等都是有效的智力游戏。

训练的过程中应该注重适度,不要过度疲劳,合理制订训练计划,并坚持长期训练。另外,可以结合不同的训练方法进行多样化训练,以达到更好的效果。

23. 中央沟盖

大脑中央沟盖是大脑皮层的一个重要区域,其功能涉及感觉与运动的处理、协调等方面,因此对其进行针对性的训练可以提高认知和运动能力,改善大脑功能。以下是一些科学有效的训练方法。

1)手指灵活性训练

通过练习手指灵活性可以刺激中央前回的运动区域,以促进大脑中央沟盖的神经连接。可以使用一些手指灵活性练习器材进行训练,如手指力量球、钢琴、吉他等。

2)身体协调性训练

通过体育锻炼,如瑜伽、舞蹈、跑步等,可以变相地间接帮助中央沟盖进行训练。这些运动可以提高身体的协调性和平衡性,并且可以刺激中央前回和中央后回进行更紧密的连接。

3)手眼协调训练

可以通过玩乐具、搭积木等游戏进行训练,提高手眼协调能力。这些游戏可以帮助大脑加强中央沟盖内不同功能区域之间的联系,提高神经的传输速度和精确度。

4)双手运动协调训练

训练中兼顾手部运动协调能力的同时,还有机会对训练方法进行微调,此方式是较为实用的训练方式之一,比较适合大多数人的训练着手。

总的来说,加强大脑中央沟盖区域的训练可以提高人们的认知和运动能力,对大脑的健康和发展都有着积极的影响。

24. 小脑6

小脑6是小脑中非常重要的一个区域,掌控着许多肌肉运动的控制和协调工作。针对小脑6的训练可以帮助提高运动的控制和协调能力。下面是一些科学有效的小脑6训练方法。

1)均衡训练

小脑6的功能与身体姿势和平衡有关,因此,均衡训练可以有效地刺激小脑6。可以通过单脚站立、平衡板训练、跳绳、平衡球训练等方法进行均衡训练。

2）运动训练

小脑6的功能与身体肌肉的运动控制密切相关，因此，增加体育锻炼可以刺激小脑6。针对不同肌群的训练，如俯卧撑、仰卧起坐、深蹲等，都可以有效地提高小脑6的功能。

3）手眼协调练习

手眼协调是小脑6功能的重要表现之一，可以通过练习乒乓球、网球、羽毛球、击剑等运动，以及玩游戏、绘画、弹吉他等方式进行。

4）健脑操

健脑操是一种集中训练小脑的方法，可以通过简单而有规律的动作组合，刺激小脑6及其他小脑区域的功能。常见的健脑操包括数独、华容道、填字游戏等。

5）艺术训练

激发创造力和想象力有助于刺激小脑6。艺术训练，如舞蹈、音乐、绘画、书法等，能够帮助人们更好地发挥小脑6的功能。

针对小脑6的训练应该根据个体情况进行，避免过度训练或损害肌肉和关节。此外，针对小脑的训练需要长期坚持并不断创新，才能收到最好的训练效果。

25. 枕上回

虽然目前没有特定的针对枕上回学习的训练方法，但是可以通过一些方法来提高大脑的认知能力和记忆力，从而潜在地促进枕上回功能的发挥。以下是一些可行的训练方法。

1）认知游戏

例如益智游戏、字谜游戏、数独、推理游戏等，这些游戏都可以提升大脑的认知能力和思维灵活性，从而增加枕上回的功能。

2）视觉训练

阅读、观察绘画和摄影等都可以帮助锻炼大脑对视觉信息的处理能力，从而促进枕上回的功能发挥。

3）健康饮食

饮食中需注意蛋白质、叶酸、维生素B12等营养物质的摄入，有益于大脑的健康发育。此外，适量饮水也有助于大脑的正常功能。

4）良好的睡眠

每天保持充足的睡眠时间，可以有效地缓解大脑疲劳，提高记忆力和注意力,这也有助于枕上回的功能发挥。

5)心理疏导

学会一些放松技巧、倾诉问题或者寻求专业心理帮助,都可以缓解大脑的压力与疲劳,提高大脑的工作效率。

需要说明的是,大脑中涉及的各个区域之间互相协作,没有孤立的学习和训练方法。因此,从整体层面上来说,保持身心健康、均衡营养、适度运动,还有学习新知识、保持不断学习的动力,都可以有效地促进大脑的发育和功能提升。

26. 小脑的蚓体7

对于小脑的蚓体7的训练,有一些科学有效的方法可以帮助改善运动的协同性和平衡性。

1)平衡训练

平衡训练是一种可以帮助增强蚓体7的功能的有效方法。可以进行单腿站立或单腿半蹲训练,也可以使用稳定球或平衡板等工具进行平衡训练。

2)协调性训练

协调性训练旨在提高小脑控制的精细程度。可以使用有氧运动器材如跑步机、动感单车等,训练时可以加入多方向运动如左右转弯、前后上下的动作,提高身体的协调性。

3)手眼协调训练

手眼协调训练是一种锻炼蚓体7的方法,可以通过反复练习投掷球、接球、击打网球等运动,提高身体的手眼协调性能。

4)脑力游戏

脑力游戏可以帮助增强小脑的神经网络,在玩各种益智游戏,如解谜游戏、数字游戏、智力闯关等,可以锻炼前瞻性、反应性、协调性和认知灵敏度。

小脑的训练需要由专业教练、医生或理疗师指导,并需要根据个人身体状况制定详细的训练计划和目标。同时,训练时需要注意安全,防止因训练不当造成身体严重受伤。

27. 尾状核L

科学有效的训练方法应该符合脑神经科学中的原理,同时需要考虑人体生理学和行为学的因素。以下是一些对尾状核训练有效的方法。

1)身体锻炼

适度的身体锻炼可以促进大脑神经元的成长和连接,增强身体的平衡性和协调性,从而可以帮助到尾状核功能的改善。例如,跳跃、瑜伽、太极拳等运动都有助于训练和改善尾状核的功能。

2）认知训练

认知训练可以刺激和挑战大脑的认知功能,有助于提高尾状核的认知功能,例如记忆练习、数学训练、逻辑思考等。

3）集中注意力

保持集中注意力的训练可以转移大脑调节运动和认知的能力,从而增强尾状核的功能。例如,专注于日常生活中的一些单调或复杂的任务,如读书、听音乐、处理面试问题等。同时,一些特殊注意力训练,如注意力训练游戏也有助于改善尾状核的功能。

4）反应训练

提高反应训练可以锻炼和改善大脑和身体的协调能力,从而增强尾状核的功能。例如,练习反应速度、手眼协调能力和平衡能力等。

科学有效的训练方法需要综合考虑身体、认知和行为学的因素,从多方面刺激和挑战大脑,以期获得最大的训练效果。

28. 颞横回 R

颞横回是大脑中重要的功能区之一,它不仅在视听信息处理、语言、情绪调节等方面扮演着重要角色,也与人类长期记忆的编码和检索密切相关。因此,有效的颞横回训练可以促进大脑的认知能力、提高工作和学习效率以及预防认知退化等,下面介绍一些科学有效的颞横回训练方法。

1）言语训练

言语是颞横回最为重要的功能之一,通过增加语言输出和输入,可以有效地训练颞横回的语言处理能力。比如可以通过学习新语言、朗读、复述等方式进行训练。

2）看图训练

看图训练能够促进视觉信息的处理和分析,提高颞横回的视觉处理能力。可以通过观察艺术作品、自然景观等来进行训练。

3）记忆训练

颞横回参与了人类长期记忆的编码和检索,因此,记忆训练可以有效地训练颞横回。可以通过口述自己的日程安排、学习新的生词或试着回忆曾经的活动等来进行训练。

4）社交活动

社交活动对于颞横回的功能也有一定的提升作用。可以通过与朋友交流、参加群体活动、玩耍游戏等方式进行训练。

5）正念训练

正念训练能够帮助大脑进入一个放松、专注的状态,提高颞横回的效率。可以通过冥想、呼吸练习等方式进行训练。

颞横回训练需要持之以恒,只有在不断反复的刺激和训练下才能发挥最大的效果。同时,注意训练方法的创新和个性化,因为每个人的大脑结构和功能都有所不同,需要根据自己的特点来选择合适的训练方法。

29. 小脑4,5R

小脑是一个高度复杂的神经系统,因此训练小脑4,5区域需要精确、系统和适当的方法。以下是几种科学有效的小脑训练方法。

1）平衡练习

平衡练习是一种有助于训练小脑4,5区域的有效方法。这种练习可以包括单脚站立、平板支撑和球类平衡训练等,可以刺激小脑4,5区域,并提高患者的平衡和协调能力。

2）演奏乐器

学习演奏乐器也是一种训练小脑4,5区域的好方法,因为演奏乐器需要你的身体运动和手指精细协调。学习新乐器,如弹钢琴和吉他,可以挑战和刺激小脑4,5区域的运动神经元,有助于加强肌肉协调和精细动作技能。

3）手脑协调训练

利用手脑协调训练来刺激小脑4,5区域也是一种非常有效的方法,可以包括描图、插图案等活动,以提高手眼协调和小脑运动控制能力。

4）跑步和游泳

跑步和游泳等有氧运动可以促进血液循环,提高身体代谢,有利于小脑4,5区域的健康和运转。同时,这些运动也是有助于放松大脑,提高身体健康的良好方式。

5）趣味性运动

像滑板、攀岩和瑜伽等趣味性的运动也可以用来训练小脑4,5区域。这些运动可以在挑战身体的同时激发创造力、想象力和大脑的注意力等方面,有助于提高身体和大脑的综合协调性。

训练小脑4,5区域需要通过多种适当的方法,以激发和刺激小脑这一重要神经区域的运动神经元,从而提高肌肉协调、平衡能力和身体姿态等方面的表现。

30. 眶部额上回R

目前研究表明,以下是一些可以训练和加强眶部额上回功能的方法。

1）冥想

经过多次冥想练习，可以加强眶部额上回区域的功能。研究表明，通过冥想可以改善情绪调节能力。

2）认知行为疗法

认知行为疗法（CBT）是一种重要的心理治疗方法。它试图通过提高自我意识和自我监管水平，改变不健康的行为和思维。CBT的实践可以加强眶部额上回和相关区域的功能。

3）艺术治疗

艺术治疗是一种结合了心理治疗和创意艺术的交互方法，可以加强眶部额上回区域的功能。研究表明，艺术治疗对抑郁症、压力和其他情绪问题有很好的治疗效果。

4）社交训练

社交训练是指帮助人们提高沟通技巧、增强社交技能和处理复杂情境的能力。这些技能的练习可以加强眶部额上回区域的功能。

5）冥想结合认知行为疗法

研究表明，在眶部额上回区域功能改善方面，结合冥想和认知行为疗法更有效。这实际上意味着，人们可以练习提高自我意识并学习自我控制策略的同时，将通过冥想来帮助眶部额上回实现长时间的调节。

加强眶部额上回区域的功能是一项复杂的任务，需要通过不同形式的训练和实践进行。综合上述方法，如社交训练、冥想、认知行为疗法等，结合个人兴趣和需求，在科学指导下选择最适合自己的有效方法进行训练。

31. 小脑的蚓体1和2

训练小脑的蚓体1和2可以促进协调性运动和平衡感能力的提高，以下是一些科学有效的训练方法。

1）平衡练习

通过单脚站立和模拟平衡的训练（例如走曲线、登山步等活动），可以刺激小脑的蚓体1和2，提高平衡能力。

2）精细运动练习

使用手指或小球等物品，进行手的协调运动和精细动作训练，可以刺激小脑的蚓体1，提高协调性运动能力。

3）记忆锻炼

通过记忆动作序列等活动，可以提高小脑被动记忆的能力，从而刺激小脑的蚓体2，提高平衡感能力。

4)色彩匹配练习

使用颜色匹配器,让受训者记忆特定颜色和颜色组合,可以训练小脑的蚓体1和2,提高协调和视觉运动能力。

5)踢足球等团体运动

踢足球等团体运动可以训练小脑的协调性和平衡感知能力,提高小脑蚓体1和2的发挥。

这些训练方法需要执行适量训练,逐渐递增难度并持之以恒,方能得到最佳效果,同时也需要有专业指导。

32. 楔前叶 R

大脑中的楔前叶是负责肌肉控制和运动的区域,因此训练楔前叶可以提高肌肉协调性、运动精度,改善运动技能。下面介绍几种科学有效的训练方法。

1)动作练习

通过反复练习某种动作,可以逐渐调整楔前叶神经元之间的连接,达到肌肉控制的提高。练习过程中要确保动作正确,可以采用图像指导和实际练习等方式。

2)运动学习

通过反馈机制,在运动过程中提供不同的反馈信息,从而改进落地姿势、手臂姿态和头部姿势等动作技巧,增强运动的协调性和准确性。

3)认知训练

通过认知训练、记忆训练或思考训练,可以增强楔前叶的功能。例如,进行数字记忆、情景模拟、判断推理等训练任务可以有效提高楔前叶的认知功能。

4)功能性电刺激

可以采用电刺激来刺激楔前叶区域的神经元,通过反复刺激可以改善楔前叶的功能。

5)运动疗法

对于一些运动损伤、神经系统疾病和防治颈椎病等问题,可以采用一些适宜的运动疗法来改善楔前叶的功能。

在进行楔前叶训练时,逐步提高训练难度,不要过度训练和过度劳累,防止适得其反。

33. 小脑的蚓体6

小脑的蚓体6是一个非常重要的区域,对于人体的运动、平衡、姿势、注意力、情感等方面发挥着重要的作用。针对蚓体6的科学有效的训练方法包括以下几个方面。

1）小球训练法

该方法通过使用不同大小和质地的小球进行训练,帮助人们掌握控制肌肉的细腻程度,提高精细动作调节能力。

2）平衡训练法

该方法通过让人进行站立平衡、单脚站立和提高脚跟的训练,提高平衡控制能力,这可以直接改善小脑的功能。

3）视觉追踪训练法

该方法通过使用移动目标进行训练,提高注意力、视觉追踪和运动精细度协调能力。

4）颤震训练法

该方法通过在肌肉周围施加小幅度振动,可以触发小脑反应,提高蚓体6的功能。

5）跳绳训练法

该方法可以帮助人们调节肌肉收缩和释放速度,提高对肌肉的精细控制。

针对蚓体6的科学有效的训练方法是多样化的,人们可以选择合适的训练方法进行科学有效的锻炼,切实提高小脑的功能,增强运动、平衡、姿势、注意力、情感等方面的综合能力。

第8章
权值的确定方法

权值的确定方法因应用场景和具体情况而异。主观法是由决策者或相关专家根据其对不同因素的重要性进行主观评价,然后给出相应的权值。统计法通过数据分析和数理统计方法,计算出不同因素之间的相关性和重要性,从而确定相应的权值。层次分析法通过构建层次结构模型,将复杂的决策问题分解为各层次元素,并制定判断矩阵进行量化分析,最终得出各个因素的权值。人工神经网络法是一种基于模拟人脑神经网络的计算机系统,可以模拟人类的认知和决策过程,寻找因素之间的关联及其权重。选择何种方法需要根据具体情况和实际需求进行综合考虑。同时,应该遵循科学、客观、合理的原则,确保权值的确定结果具有合理性和可信度。

8.1 常用的权值确定算法介绍

8.1.1 最大熵方法

最大熵方法(maximum entropy method,MEM)是一种概率模型,在概率统计、自然语言处理、图像处理、物理学等领域广泛应用。它的核心思想是在已知的约束条件下,选择一组最平均、最简单的模型,这种模型被称为最大熵模型。该方法适用于数据稀疏、变量之间有强相关性的情况。

1. 确定特征函数

首先需要确定一组特征函数 $f_1(x), f_2(x), \cdots, f_m(x)$,其中 x 为模型变量。特征函数表示 x 在某种意义下的性质,如 x 出现的次数、出现的位置等。

2. 确定约束条件

约束条件为指定特征函数的期望值,例如 $E(f_1(x)) = b_1, E(f_2(x)) = b_2, \cdots, E(f_m(x)) = b_m$。$E(f_i(x))$ 表示特征函数 $f_i(x)$ 在 x 处的期望值,b_i 为约束

条件。

3. 确定概率分布

概率分布的定义为 $P(x) = \dfrac{Z \exp \sum_{i=1}^{m} \lambda_i f_i(x)}{Z}$，其中 λ_i 为模型参数，Z 为归一化因子，概率分布中的 $\exp \sum_{i=1}^{m} \lambda_i f_i(x)$ 表示特征函数的加权和。

4. 确定对数似然函数

对数似然函数定义为 $L(\lambda) = \sum x P(x) \ln(P(x)) - \sum_{i=1}^{m} \lambda_i b_i$，其中 $\sum x P(x) \ln(P(x))$ 为熵的定义。

5. 模型训练

使用最大似然法或牛顿法等优化算法来求解对数似然函数的最大值，得到模型参数 λ，从而得到最大熵模型。

最大熵法公式为

$$\begin{cases} P(X = x) = \dfrac{\exp\left(\sum_{i=1}^{m} \lambda_i f_i(x)\right)}{Z(\lambda)} \quad Z(\lambda) = \sum_x \exp\left(\sum_{i=1}^{m} \lambda_i f_i(x)\right) \\ L(\lambda) = \sum x P(x) \ln(P(x)) - \sum_{i=1}^{m} \lambda_i b_i \end{cases} \quad (8-1)$$

式中：X 为随机变量；x 为随机变量的取值；f_i 为特征函数；λ_i 为模型的参数；$Z(\lambda)$ 为归一化因子；$L(\lambda)$ 为对数似然函数：

$$J(\lambda) = -L(\lambda) = \sum_x \left(\sum_{i=1}^{m} \lambda_i f_i(x) - \ln Z(\lambda) \right) P(x) + \sum_{i=1}^{m} \lambda_i b_i \quad (8-2)$$

在实际应用最大熵方法时，特征函数、约束条件和优化算法的选择往往需要结合具体的问题进行选择，以获得最好的结果。

8.1.2 熵权法

熵权法是基于信息熵的一种方法，通过计算各个因素的信息熵，进而计算权值。该方法适用于各个因素之间互相独立的情况。是一种多指标的综合评价方法，常用于决策问题中，可将多个指标的信息综合在一起，得出最终的排名或决策结果。其基本思想是，根据各指标的差异性和权重大小来确定各指标在综合评价中的贡献度，并通过熵值度量指标间的差异性，进而确定权重。

(1)确定评价指标和指标数据,将其构成评价矩阵。评价指标应具有量化和可比性。

(2)将评价矩阵标准化,将每个指标的数据都转化为0~1范围内的比例值,即将每个指标的原始数据减去最小值,再除以最大值与最小值之差,得到标准化后的数据。

(3)计算每个指标的熵值,熵值越大代表信息差异度越大,即该指标的信息量越多。熵值的计算方法为:

$$E_j = -\frac{1}{\ln(n)} \sum_{i=1}^{n} p_{ij} \ln(p_{ij})$$

式中:n 为评价对象数;p_{ij} 为第 i 个评价对象在第 j 个指标上的标准化后的得分。

(4)计算每个指标的权重。指标的权重就是该指标对于综合评价的贡献度,权重越大代表该指标在决策中具有更大的作用。指标权重的计算方法为

$$w_j = \frac{(1 - E_j)}{\left(k - \sum_{j=1}^{n}(1 - E_j)\right)}$$

式中:k 为 $\ln(n)$ 的值;w_j 为第 j 个指标的权重。

(5)计算每个评价对象的综合评价得分。对于每个评价对象,将每个指标的得分乘以相应的权重得到加权得分,再将所有加权得分相加得到该评价对象的综合评价得分。

熵权法的公式如下:

$$S_i = \sum_{j=1}^{n} w_j \times s_{ij} \tag{8-3}$$

式中:S_i 为第 i 个评价对象的综合评价得分;w_j 为第 j 个指标的权重;s_{ij} 为第 i 个评价对象在第 j 个指标上的标准化得分。

8.1.3 支持向量机法

SVM是一种分类和回归的机器学习方法,通过对目标函数进行优化,从而得到最优权值。该方法适用于数据量大、特征维度高的情况。广泛应用于分类、回归和异常检测的机器学习算法。其基本思想是将数据映射到高维空间,找到一个最优的超平面(线性或非线性),使得样本点距该超平面的距离(间隔)最大化。线性SVM使用SVM算法解决线性可分问题,通过求解对偶问题,

计算得到超平面的斜率和截距,进行二分类或多分类;非线性SVM使用核函数将数据从原始维度映射到高维空间,使得数据在高维空间中线性可分。

(1)根据训练集的特征和标记,构建初始分类模型;
(2)确定优化目标函数,通常为带有正则项的凸优化问题;
(3)求解最优解;
(4)利用测试集对构建的分类模型进行验证。

SVM中的一些必要公式如下。

(1)分类模型为

$$f(\boldsymbol{x}) = \text{sign}\left(\sum_{i=1}^{n}\alpha_i y_i K(x_i, \boldsymbol{x}) + b\right) \tag{8-4}$$

式中:$\boldsymbol{x}$为样本特征向量;y_i为第i个样本的标记;$K(x_i, x)$为核函数;α_i为对应的拉格朗日乘子;b为偏移量。

(2)间隔公式:

$$\gamma = \frac{2}{\|\boldsymbol{\omega}\|^2} \tag{8-5}$$

式中:$\boldsymbol{\omega}$为超平面的权重向量。

(3)拉格朗日对偶公式:

$$\max_{\alpha} \sum_{i=1}^{n}\alpha_i - \frac{1}{2}\sum_{i,j=1}^{n}\alpha_i\alpha_j y_i y_j K(x_i, x_j) \\ \text{s.t.} \sum_{i=1}^{n}\alpha_i y_i = 0, 0 \leqslant \alpha_i \leqslant C \tag{8-6}$$

式中:C为惩罚系数;α_i为拉格朗日乘子。

(4)核函数:

$$K(x_i, x_j) = \varphi(x_i)\varphi(x_j) \tag{8-7}$$

式中:$\varphi(x)$为将x映射到高维空间的映射函数。

SVM是一种不仅仅适用于线性可分数据,还适用于非线性数据的有效分类方法。

8.1.4 层次分析法

层次分析法(analytic hierarchy process,AHP)是一种定性与定量结合的方法,将决策问题分级,按照一定的评估标准,计算出各级别的权重,最终得到权值。该方法适用于多目标、多因素影响的复杂决策问题。

AHP是一种多目标决策方法,可以用来辅助决策者解决复杂的决策问题。它通过将决策问题从总体到细节的层次结构分解,然后通过比较各个层次的因素之间的重要性,得出最终决策的权重。下面介绍详细步骤及必要公式。

1. 构建层次结构

将决策问题从总体到细节分解成层级结构,层次结构应包含目标、标准、方案等层次,并用图示的方式表示。

2. 确定判断矩阵

对于每一层次的因素,两两之间进行两两比较,构建判断矩阵(pairwise comparison matrix)。对于一个 n 个因素的层次结构,比较矩阵应该是一个 $n×n$ 矩阵。比较矩阵的元素 a_{ij} 表示因素 i 比因素 j 重要的程度,通常用 1~9 来表示 a_{ij} 与 a_{ji} 的大小关系。如果 a_{ij} 表示因素 i 和因素 j 的重要性相同,则 $a_{ij}=1$。

3. 计算判断矩阵的权重

通过计算每一列的权重,可以确定每一层级因素的相对权重,使用最大特征值法:

$$\lambda = \max_{i=1}^{n} a_i, \quad Ax = \lambda x \tag{8-8}$$

式中:λ 为最大特征值,x 为该特征值对应的特征向量。判断矩阵的权重向量 $\omega = (\omega_1, \omega_2, \cdots, \omega_n)$ 是特征向量 x 所有元素的平均值,即

$$\omega_i = \frac{x_i}{\sum_{j=1}^{n} x_j} \tag{8-9}$$

4. 计算一致性检验指标

AHP方法的一致性检验指标是判断矩阵的一致性比例指标(CR),CR的计算如下:

$$CR = \frac{CI}{RI} \tag{8-10}$$

式中:CI 为一致性指标;RI 为随机一致性指标,一般只有当 CR<0.1 时才认为判断矩阵的一致性是可接受的,否则需要重新评价。

5. 计算多层次层次权重

逐层从下向上计算每个层次的权重,直到计算出最终的目标层次权重。最终决策结果即为各方案的权重在不同层次上的综合结果。

AHP方法通过层次结构、判断矩阵和判断矩阵的权重计算来实现多层次决策问题的分析和解决。

8.1.5 灰色关联分析法

灰色关联分析是一种基于序列比较的方法,通过计算序列之间的一致度和相似度,最终确定权重,该方法适用于因素之间关联性强、影响复杂的情况。

灰色关联分析是一种基于灰色系统理论的多因素分析方法,用于确定多个因素之间的相关性程度,特别是在样本较少或数据质量较差的情况下。该方法首先将各因素之间的数据序列进行标准化,然后计算每个因素的得分序列与参考因素的得分序列的关联度,最后得出各因素相对于参考因素的相关程度。

1. 数据标准化

将各因素之间的数据序列经过比例转换,使其数值范围在[0,1]之间。

2. 序列累加

根据累加生成序列的思想,对标准化后的各因素数据进行一次累加得到得分序列。

3. 关联度计算

计算参考因素的得分序列与各因素得分序列之间的关联度,通常采用距离越小越相似的原理,其中关联度的计算公式为

$$r_i = \frac{\min\{|x_{0j} - x_{ij}|, i = 1, 2, \cdots, m\}}{\max\{|x_{0j} - x_{ij}|, i = 1, 2, \cdots, m\} + \epsilon} \tag{8-11}$$

式中:r_i为第i个因素与参考因素的关联度;x_{0j}为参考因素的第j个数据;x_{ij}为第i个因素的第j个数据;m为数据项个数(即数据序列长度);ϵ为常数,其值通常为0.000001,以避免分母为0的情况。

4. 获取权重

将各因素的关联度进行加权平均,即可得出各因素与参考因素的权重,从而确定各因素之间的相对重要程度。

5. 结果评估

根据能够解释问题本质、具有实际意义等准则进行结果评估,以确定分析结果的可靠性与准确性。

灰色关联分析方法不适用于样本数量很少或者数据分布变异很大的情况,同时还需要注意选择合适的参考因素和数据标准化方法以及确定合理的关联度计算公式等细节问题。

8.1.6 朴素贝叶斯算法

根据已有的数据样本和先验概率,来计算待分类数据的概率,从而确定权值。

在朴素贝叶斯算法中,需要计算每个类别的先验概率和各个特征的条件概率。具体地,在分类任务中,假设每个类别之间是互相独立的,每个特征也是相互独立的,这是朴素贝叶斯算法的一个基本假设。这个假设使得计算每个类别的概率变得简单。

以下介绍朴素贝叶斯分类算法的公式。

1. 计算各类别的先验概率

先验概率 $P(C_i)$ 是指在没有考虑任何特征信息的情况下,数据集 D 中属于第 i 类别的样本的概率。因此,可以通过统计数据集 D 中各个类别的样本数量,计算每个类别的相对频率来估计先验概率。

先验概率的公式为

$$P(C_i) = \frac{|D_{C_i}|}{|\mathbf{D}|} \tag{8-12}$$

式中:$\mathbf{D}$ 为整个数据集;$|\mathbf{D}|$ 为数据集的大小;$|D_{C_i}|$ 为属于类别 C_i 的样本数。

计算各特征对于类别的条件概率对于给定的类别 C_i,需要计算所有特征的条件概率 $P(x_j|C_i)$。条件概率是指在已知类别的情况下,某样本具有某特征的概率。

如果一个特征 x_j 是连续值,则可以将其转化为离散值,采用高斯分布、均匀分布等概率密度函数来计算条件概率。

如果一个特征 x_j 是离散值,则可以通过直接计算每个取值 k 的概率,来计算该特征的条件概率。

条件概率的公式为

$$P(x_j|C_i) = \frac{|x_j = c, x_i \in C_i|}{|x_i \in C_i|} \tag{8-13}$$

式中:$x_j=c$ 为特征 x_j 的取值为 c;$|x_j=c, x_i \in C_i|$ 为在属于 C_i 的样本中,特征 x_j 的取值为 c 的样本数;$|x_i \in C_i|$ 为属于 C_i 类别的样本数。

2. 计算后验概率

当得到某个待分类样本 x 时,需要计算 x 属于每个类别 C_i 的后验概率 $P(C_i|x)$,

然后选择后验概率最大的类别作为 x 的类别。

结合贝叶斯定理,后验概率的公式可以表示为

$$P(C_i|x) = \frac{P(x|C_i)P(C_i)}{P(x)} \tag{8-14}$$

式中:$P(x|C_i)$ 为给定类别 C_i 时,样本 x 的联合概率分布;$P(x)$ 为样本 x 在所有类别中出现的概率,表达如下:

$$P(x) = \sum_k P(x, C_k) = \sum_k P(x|C_k)P(C_k) \tag{8-15}$$

在实际应用中,由于分母 $P(x)$ 对于所有类别是相同的,因此可以只计算分子,然后将结果进行归一化。

朴素贝叶斯算法的核心是根据已有的数据样本和先验概率,计算待分类数据在每个类别下的后验概率,并选择后验概率最大的类别作为待分类数据的类别。同时,考虑样本数据的特征情况和先验概率的影响,计算条件概率,从而确定权重。

8.1.7 决策树算法

通过决策树的分类方法,对不同变量之间的权值进行分析和确定。

决策树是一种基于树形结构来进行决策分析的算法,可以用于分类和回归问题。其主要思想是以节点来表示某种属性或特征,并根据某种规则将样本集切分成更小的子集,直到子集不能再被切分。在分类问题中,决策树通过判断样本所属类别的属性来进行分类。

决策树的分类方法尤其适用于具有离散可取值的变量,其优点在于能够有效地解决多类分类问题,并且能够自动选择变量的重要性以及非线性关系。为了解决连续型数据的分类问题,决策树算法还有一些改进版,例如CART(分类与回归树)算法。

1. 选择最佳分裂属性

根据信息增益、信息增益比、基尼指数等指标计算各个属性的纯度、不确定性等指标来确定最佳的分裂属性。

2. 划分数据集

按照选择的分裂属性的取值来把数据集划分成多个子集。

3. 递归构建子树

对于每个子集,重复步骤1和2,直到所有子集中的数据都属于同一类别

或达到预定条件(如树的深度、样本量等)。

4. 剪枝处理

在构建好决策树后,进行剪枝处理以避免过拟合。

决策树的算法涉及很多数学公式,例如信息熵、信息增益、基尼系数等,这些都是用于计算属性选择的指标。以信息熵为例,表达如下:

$$H(X) = -\sum_{i=1}^{n} p_i \log_2^{p_i} \tag{8-16}$$

式中:X为样本数据;n为样本类别数目;p_i为第i个类别所占的比例。信息熵越大,表示样本的不确定性越大,因此选取具有最小信息熵的属性作为最佳分裂属性。

决策树算法是一种很常用的分类方法,但决策树在处理复杂的问题时可能会出现过拟合或欠拟合问题。因此,在实际应用中,需要根据数据集的情况进行调整和优化。

8.1.8 遗传算法

通过模拟自然界的生物演化过程,通过基因组合和适应度的不断进化,最终确定权值。这种算法适用于结构复杂的问题。

遗传算法是一种通过模拟自然界的生物演化过程来解决优化问题的算法。它的主要思想是将问题的求解过程看作是一种"个体的进化",通过不断进化产生更好的个体,从而得到最优解。遗传算法通常被用来处理结构复杂的问题,例如优化工程设计、组合优化、机器学习等。

1. 初始化种群

随机选择一组初始解决方案作为种群。

2. 选择

从种群中选择一部分适应度高的个体作为父代,用于产生下一代。

3. 交叉

对父代进行交叉操作,生成新的个体。

4. 变异

对新生成的个体进行变异操作,产生更多的变化。

5. 评价与选择

对所有个体进行评价,选择最适合求解问题的个体作为新的种群。

6. 终止条件

如果达到预定的终止条件,算法结束;否则重复2~5步。

在遗传算法中,个体通常用一个二进制编码表示,称为"染色体"。通过染色体的基因组合和适应度的不断进化,遗传算法能够不断优化达到更好的解决方案。

遗传算法中,需要进行适应度的评价来确定哪些个体更适合作为下一代。常用的适应度函数有目标函数、约束函数等。目标函数是指要求优化的目标,需要通过评价函数将其转化为适应度。适应度定义为目标函数的值与所有个体的目标函数值之和之间的比例,表达如下:

$$F(x) = \begin{cases} \dfrac{f(x)}{\sum_{i=1}^{m} f(x_i)}, & \sum_{i=1}^{m} f(x_i) > 0 \\ \dfrac{1}{m}, & \sum_{i=1}^{m} f(x_i) = 0 \end{cases} \quad (8-17)$$

式中:$f(x)$为个体x的目标函数值;m为种群中个体的数量。

交叉和变异是遗传算法中的重要操作,用于产生新的个体。交叉操作通常是将两个个体的染色体中的基因进行随机组合,并产生新的个体。变异操作则是对一个个体的染色体进行随机改变,从而产生更多的变化。这两个操作可以使种群陷入局部最优解的状况中,但它们也提供了种群从局部最优解中逃脱的机会,从而更好地探索解空间。

遗传算法是一种优秀的优化方法,适用于结构复杂的问题,如机器学习、自然计算、智能制造等领域。

8.1.9 神经网络算法

通过模拟人类大脑中神经元之间的联系和信息传递,来确定不同变量之间的权值。

神经网络算法是一种模仿人脑神经系统处理信息的机器学习算法,它由多个简单的节点组成,称为神经元,这些神经元之间通过连接来传递信息。每个神经元可以接收多个输入,并通过一个激活函数(activation function)将这些输入加权求和,得到输出。

神经网络的输出取决于每个输入对应的权重(weight),这些权重用于调整神经元之间的连接强度。通过不断迭代这些权重,神经网络可以学习如何正确地预测输出。

具体地,一个神经网络可以表示为一个有向无环图(DAG) $G=(V,E)$,其

中 V 为节点的集合，E 为连接节点的边的集合。假设一个节点 i 的输出为 o_i，则可以计算如下：

$$o_i = f(in_i), in_i = \sum_j w_{ji} * o_j \qquad (8-18)$$

式中：$f()$ 为激活函数；in_i 为节点 i 的输入；w_{ji} 为从节点 j 到节点 i 的权值；o_j 为节点 j 的输出。

通过这个公式，可以将神经网络的学习过程建模为一个最优化问题，目标是最小化预测输出与真实输出之间的误差。这个过程通常使用反向传播算法（back propagation）来完成，即通过链式法则计算每个权值对误差的梯度，然后使用梯度下降算法更新这些权值。

神经网络算法通过模拟人类神经系统的连接和信息传递过程，来确定不同变量之间的权重。这个过程中，神经网络通过反向传播算法不断迭代优化权值，以最小化预测输出与真实输出之间的误差。

当然，根据问题本身的特点和数据情况，可以选择合适的方法来确定权值。

8.2 权重确定方法的详解

基于数据的排序名次为每一个数据确定权值的算法有以下几种。

1. 等级赋值法（ranking method）

将数据按照大小顺序排列，然后为其赋予剩余名次的平均值作为权重。例如，如果有 5 个数据，排序结果为 2,3,5,6,8，那么它们对应的权重分别为 4.5,3.5,2,1,0.5。

2. 标准分数法（standard score method）

首先将所有数据标准化成均值为 0，标准差为 1 的分布，然后根据标准分数来确定权重。标准分数的计算公式为 $(x-\mu)/\sigma$，其中 x 为原始数据，μ 为数据的均值，σ 为数据的标准差。

3. 最大-最小标准化法（minMax scaling）

将所有数据标准化到一个指定的范围内，通常是 [0,1]。具体做法是，将数据减去最小值，再除以最大值与最小值之差，得到标准化后的数据，标准化后的数据即为权重。

4. 指数赋值法（exponential ranking）

将数据按照大小顺序排列，然后依次从大到小赋予不同的指数作为权重。

具体来说,第一个数据的权值为1,第二个数据的权值为1+α,第三个数据的权值为1+2α,……,第n个数据的权重为1+(n-1)α,其中α是一个可以调整的参数。

这些算法在确定数据的权重时,采用的方法不同,适用于不同类型的数据和分析目的。在实际应用中,需要根据具体情况选择合适的算法。表8-1为脑区权重。

表8-1 脑区权重

排名	系数	脑区编号	排名	系数	脑区编号	排名	系数	脑区编号
1	1.422522	76	21	1.187105	21	41	1.110522	17
2	1.413106	75	22	1.181189	53	42	1.094256	50
3	1.369449	74	23	1.170835	28	43	1.094125	49
4	1.363622	73	24	1.16838	27	44	1.091489	45
5	1.3336	36	25	1.16514	51	45	1.087142	113
6	1.285123	77	26	1.163517	29	46	1.08657	71
7	1.281432	44	27	1.160774	43	47	1.080771	98
8	1.278908	35	28	1.158407	22	48	1.079598	6
9	1.258474	114	29	1.15726	31	49	1.071627	80
10	1.250615	37	30	1.155177	32	50	1.068648	72
11	1.245401	47	31	1.153959	42	51	1.068169	18
12	1.239946	38	32	1.153545	30	52	1.065892	109
13	1.238721	78	33	1.149284	105	53	1.058565	68
14	1.222347	55	34	1.144492	41	54	1.054805	52
15	1.219486	115	35	1.136018	54	55	1.050117	79
16	1.216195	48	36	1.135424	40	56	1.048628	97
17	1.198783	56	37	1.124605	99	57	1.047273	112
18	1.190659	34	38	1.120311	100	58	1.034749	15
19	1.190101	46	39	1.117905	39	59	1.032083	65
20	1.187996	33	40	1.115348	106	60	1.023079	5

第9章
飞行训练方法提炼总结

9.1 关键脑区的训练方法总结

脑区训练方法汇总如表9-1所列,每个单元由脑区编号,脑区重要性权重,脑区训练方法组成。

1.豆状核76,75 1.422522+1.413106 (1)锻炼身体 (2)专注力训练 (3)学习新技能 (4)保持良好的睡眠质量 (5)阅读和学习新知识	2.豆状壳核74,73 369449+1.363622 (1)加强肢体运动控制的训练 (2)运动记忆训练 (3)组织信息的训练 (4)视觉空间定位的训练	3.后扣带回35,36 1.278908+1.3336 (1)大量输出训练 (2)默写和背诵 (3)认知训练 (4)训练耳鸣听力 (5)训练多任务处理能力
4.丘脑78,77 1.238721+1.285123 (1)感官刺激训练 (2)运动训练 (3)内分泌调节训练 (4)情感和行为调节训练	5.距状裂周围皮层44,43 1.281432+1.160774 (1)认知训练 (2)大脑训练游戏 (3)运动训练 (4)冥想和放松练习	6.蚓体8　114 1.258474 (1)单脚站立 (2)站姿肌肉弹性训练 (3)躺姿眼前追踪训练 (4)舞蹈 (5)体育锻炼
7.海马38,37 1.239946+1.250615 (1)锻炼身体 (2)避免压力 (3)合理饮食 (4)大脑锻炼 (5)超聚焦磁场刺激	8.舌回　47,48 1.245401+1.216195 (1)记忆锻炼 (2)解决难题 (3)增加感官输入的多样性 (4)健康生活方式	9.梭状回 55,56 1.222347+1.198783 (1)语言加工训练 (2)空间感知训练 (3)视觉加工训练 (4)音乐训练

续表

10.小脑的蚓体9　115 1.219486 （1）平衡练习 （2）共济训练 （3）眼动练习 （4）身体意识训练	11.内侧和旁扣带脑回34,33 1.190659+1.187996 （1）冥想练习 （2）成语运算、复杂推理等智力训练 （3）尝试新事物的体验 （4）艺术、音乐和舞蹈表达 （5）颅内直流电刺激（tDCS）	12.楔叶46,45 1.190101+1.091489 （1）触觉和体位感知训练 （2）视觉感知和空间认知训练 （3）认知功能和工作记忆训练 （4）感官整合训练
13.枕下回53,54 1.181189+1.13601791441915 （1）视幻觉训练 （2）视觉记忆训练 （3）意识和注意力训练	14.嗅皮质21,22 1.187105+1.158407 （1）气味记忆练习 （2）气味辨别 （3）气味分类	15.脑岛29,30 1.163517+1.153545 （1）冥想 （2）认知训练 （3）瑜伽 （4）声乐和音乐疗法
16.回直肌28,27 1.170835+1.16838 （1）认知训练 （2）情绪调节练习 （3）外部刺激 （4）社交互动	17.枕中回51,52 1.16514+1.054805 （1）视觉训练 （2）色彩识别训练 （3）空间定位训练 （4）视觉游戏训练	18.杏仁核42,41 1.187105+1.181189 （1）冥想和放松技巧 （2）认知行为疗法 （3）社交互动 （4）记忆训练
19.前扣带和旁扣带脑回31,32 1.15726+1.155177 （1）认知训练法 （2）认知干预法 （3）磁或电刺激	20.小脑9　105,106 1.149284+1.115348 （1）平衡练习 （2）手部精细动作训练 （3）视觉运动训练 （4）运动协调训练 （5）小球游戏训练	21.枕下回54,53 1.136018+1.18118862723853 （1）物理训练 （2）认知训练 （3）艺术治疗 （4）物理治疗 （5）针灸与推拿
22.海马旁回40,39 1.135424+1.117905 （1）训练记忆 （2）学习新技能 （3）锻炼身体 （4）参加智力游戏	23.中央沟盖17,18 1.110522+1.068169 （1）手指灵活性训练 （2）身体协调性训练 （3）手眼协调训练 （4）双手运动协调训练	24.小脑6　99,100 1.124605+1.120311 （1）均衡训练 （2）运动训练 （3）手眼协调练习 （4）健脑操 （5）艺术训练

续表

25.枕上回 50,49 1.094256+1.094125 (1)认知游戏 (2)视觉训练 (3)健康饮食 (4)良好的睡眠 (5)心理疏导	26.(小脑的)蚓体 7　113 1.087142 (1)平衡训练 (2)协调性训练 (3)手眼协调训练 (4)脑力游戏	27.尾状核 L　71,72 1.08657+1.068648 (1)身体锻炼 (2)认知训练 (3)集中注意力 (4)反应训练
28.颞横回 R　80,79 1.071627+1.050117 (1)言语训练 (2)看图训练 (3)记忆训练 (4)社交活动 (5)正念训练	29.小脑 45　R　98,97 1.080771+1.048628 (1)平衡练习 (2)演奏乐器 (3)手脑协调训练 (4)跑步和游泳 (5)趣味性运动	30.眶部额上回 R　6,5 1.079598+1.023079 (1)冥想 (2)认知行为疗法 (3)艺术治疗 (4)社交训练 (5)冥想结合认知行为疗法
31.(小脑的)蚓体 12　109 1.065892 (1)平衡练习 (2)精细运动练习 (3)记忆锻炼 (4)色彩匹配练习 (5)踢足球等团体运动	32.楔前叶 R　68,67 1.058565 +0.991887 (1)动作练习 (2)运动学习 (3)认知训练 (4)功能性电刺激 (5)运动疗法	33.(小脑的)蚓体 6　112 1.047273 (1)小球训练法 (2)平衡训练法 (3)视觉追踪训练法 (4)震颤训练法 (5)跳绳训练法

9.2　训练方法聚类分析

自然语言的聚类分析是指将文本数据中的单词或短语按照它们之间的相似性进行分类。这种分类可以用于文本挖掘、信息检索和自然语言处理等领域。

具体来说,自然语言的聚类分析可以分为以下几个步骤。

1. 数据预处理

将原始文本数据进行清洗、分词、去除停用词等操作,得到单词或短语的列表。

2. 特征提取

根据需要,对单词或短语进行特征提取,例如使用词袋模型、TF-IDF等方法,将每个单词或短语表示成一个向量。

3. 聚类算法选择

根据特定的需求和数据集大小,选择合适的聚类算法,例如K-Means、层次聚类、密度聚类等。

4. 聚类参数设置

设置聚类算法的参数,例如聚类数量、距离度量方法等。

5. 聚类分析

对经过聚类算法处理后的数据进行可视化和分析,评估聚类结果的质量。

在自然语言的聚类分析中,由于单词或短语的数量通常非常大,因此需要使用高效的算法和技术来进行处理。此外,聚类结果的质量往往受到数据预处理和特征提取的影响,因此需要仔细考虑这些步骤的实现方式。

训练方法聚类是一种将训练方法按照它们的共性或相似性进行分类的方法。在机器学习和数据挖掘中,聚类算法是一种无监督学习算法,可以自动将数据集中的对象划分为多个类别,每个类别内部的对象具有较高的相似性,而不同类别之间的对象差异较大。在训练方法聚类中,可以将不同的训练方法看做数据集中的对象,利用聚类算法将它们划分为若干个类别。这样可以帮助更好地理解不同训练方法之间的联系和区别,以及选择最适合自己的训练方法。常见的聚类算法包括K-Means、层次聚类等。在训练方法聚类中,具体采用哪种聚类算法需要根据数据集的特点和实际需求进行选择。以下是一些常见的聚类算法及其适用场景。

(1)K-Means算法:适用于数据集较大、维度较低的情况,对异常值敏感。

(2)层次聚类算法:适用于数据集较小、维度较高的情况,可以发现数据集内部的层次结构。

(3)DBSCAN算法:适用于数据集中存在噪声和密度不均匀的情况,可以自动发现任意形状的簇。

(4)GMM算法:适用于数据集呈现高斯分布的情况,可以发现各个高斯分布的参数。

选择聚类算法需要综合考虑数据集的特点、聚类的目的以及算法的优缺点,没有一种通用的最佳选择。如果需要对上述提到的数据进行分类,笔者会首先考虑使用聚类算法将不同的训练方法划分为若干个类别。然后可以采用监督学习的分类方法对每个类别进行分类,以便更好地理解不同训练方法之间的联系和区别,并选择最适合自己的训练方法。具体而言,可以采用以下步骤进行。

(1)对不同的训练方法进行聚类,将它们划分为若干个类别。

(2)对每个类别进行标记,即给每个类别打上标签或类别名称。

(3)利用已有的标记数据,选择合适的监督学习分类方法对每个类别进行分类。

(4)对分类结果进行评估,选择最优的分类方法并进行调整和优化。

9.3 训练方法的聚类结果

具体采用何种聚类算法和监督学习分类方法需要根据数据集的特点和实际需求进行选择。同时,在进行分类时还需要考虑数据的质量、数量以及是否存在噪声等问题,这些因素都会影响分类的精度和可靠性。训练方法初步聚类为74类,如表9-2所列。

表9-2 训练方法的初步聚类

训练方法	权重	训练方法	权重
平衡练习	3.113457	颅内直流电刺激(tDCS)	2.378655
专注力训练	2.835628	艺术、音乐和舞蹈表达	2.378655
学习新技能	2.835628	尝试新事物的体验	2.378655
保持良好的睡眠质量	2.835628	计算成语、复杂推理等智力训练	2.378655
阅读和学习新知识	2.835628	冥想练习	2.378655
加强肢体运动控制的训练	2.733071	气味记忆练习	2.345256
运动记忆训练	2.733071	视幻觉训练	2.317208
组织信息的训练	2.733071	视觉记忆训练	2.317208
视觉空间定位的训练	2.733071	意识和注意力训练	2.317208
锻炼身体	2.673127	认知功能和工作记忆训练	2.28159
大量输出训练	2.612508	感官整合训练	2.28159
默写和背诵	2.612508	视觉感知和空间认知训练	2.28159
认知训练	2.612508	触觉和体位感知训练	2.28159
训练耳鸣听力	2.612508	踢足球等团体运动	2.131457
训练多任务处理能力	2.612508	色彩匹配练习	2.131457
运动训练	2.523844	记忆锻炼	2.131457

续表

训练方法	权重	训练方法	权重
内分泌调节训练	2.523844	精细运动练习	2.131457
情感和行为调节训练	2.523844	冥想结合认知行为疗法	2.102677
感官刺激训练	2.523844	社交训练	2.102677
超聚焦磁场刺激	2.490561	艺术治疗	2.102677
大脑锻炼	2.490561	冥想	2.102677
合理饮食	2.490561	认知行为疗法	2.102677
避免压力	2.490561	功能性电刺激	2.050451
解决难题	2.461596	运动疗法	2.050451
增加感官输入的多样性	2.461596	认知训练	2.050451
健康生活方式	2.461596	动作练习	2.050451
记忆锻炼	2.461596	运动学习	2.050451
认知训练	2.442206	单脚站立	1.258474
大脑训练游戏	2.442206	站姿肌肉弹性训练	1.258474
冥想和放松练习	2.442206	躺姿眼前追踪训练	1.258474
语言加工训练	2.42013	舞蹈	1.258474
空间感知训练	2.42013	体育锻炼	1.258474
视觉加工训练	2.42013	跳绳训练法	1.047273
音乐训练	2.42013	震颤训练法	1.047273
身体意识训练	2.387942	视觉追踪训练法	1.047273
眼动练习	2.387942	平衡训练法	1.047273
共济训练	2.387942	小球训练法	1.047273

再次聚类分析分成9类。

(1)专注力训练、加强肢体运动控制的训练、运动记忆训练、组织信息的训练、视觉空间定位的训练、大量输出训练、默写和背诵、认知训练、语言加工训练、解决难题、增加感官输入的多样性、计算成语、复杂推理等智力训练、认知功能和工作记忆训练、感官整合训练、意识和注意力训练、认知行为疗法、社交训练、认知训练、运动学习、动作练习。总权重:47.153389。

(2)锻炼身体、体育锻炼、平衡练习、共济训练、精细运动练习、踢足球等团体运动、小球训练法、平衡训练法、视觉追踪训练法、震颤训练法、跳绳训练法。总权重:20.267845。

(3)避免压力、合理饮食、大脑锻炼、超聚焦磁场刺激、健康生活方式、气味记忆练习。总权重:14.736918。

(4)学习新技能、阅读和学习新知识、大脑训练游戏。总权重:8.890962。

(5)冥想和放松练习、冥想练习、冥想结合认知行为疗法。总权重:6.923539。

(6)音乐训练、艺术、音乐和舞蹈表达、艺术治疗。总权重:6.903464。

(7)触觉和体位感知训练、视觉感知和空间认知训练、色彩匹配练习。总权重:6.690639。

(8)视幻觉训练、视觉记忆训练、颅内直流电刺激(tDCS)。总权重:6.01207。

(9)保持良好的睡眠质量、内分泌调节训练。总权重:5.359472。

总权重可能略有不同,因为在将训练类别分成不同类别时,可能存在一些类别属于多个类别的情况,因此这些类别的权重可能会被重复计算。

第10章
结论和展望

通过对飞行员选拔和训练的研究,本书揭示了神经科学视角下的飞行员脑区结构特征和连接特征对飞行能力的重要影响。具体而言,美国和中国的飞行员选拔机制存在差异,各自具有优势和局限性。神经科学的基础知识为飞行员选拔和训练提供了理论支持。脑成像技术的应用帮助寻找成熟飞行员的灰质脑区特征和脑区间连接特征。飞行员的灰质脑区结构特征和脑区连接特征对飞行能力具有重要影响。飞行潜力评估算法和基于神经科学的训练方法可以提高飞行员的技能和能力。权重的确定方法对飞行员训练起着关键作用。

未来的研究可以进一步深入探索飞行员脑区特征和连接特征与飞行能力之间的关系,以及不同类型飞行任务对脑区结构和联结特征的影响。将脑成像分析与其他评估指标相结合,形成综合性的飞行员选拔和训练评估体系,提高选拔和训练的准确性和有效性。将神经科学视角下的飞行员选拔和训练方法应用于其他领域,如运动员选拔和训练、职业培训等,为人才选拔和培养提供新的思路和方法。进一步探索飞行员脑区特征和连接特征与飞行技能的关联性,并通过个性化的训练方法进行精准的飞行员培养和发展。

本书以神经科学的视角对飞行员选拔和训练进行了深入研究,揭示了脑区结构特征和连接特征在飞行能力中的重要作用,为飞行员选拔和训练提供了新的思路和方法。

参考文献

[1] Dehais F, & Causse M.Neuroergonomics of aircraft cockpits:theoretical background and research trends.Frontiers in Psychology;2017,8:24.

[2] Parasuraman R & Wilson G.F.Putting the brain to work: Neuroergonomics past, present, and future.Human Factors,2008,50(3):468-474.

[3] Walton K D,Llinás R R,Hillman D.Selective electrical silencing of mammalian neurons in vitro by the use of inorganic photoconducting stimulation arrays[J].Annals of Biomedical Engineering, 2010,38(3):751-763.

[4] Schall J D Neural basis of saccade target selection in frontal eye field during visual search[J]. Nature,2001,404(6776):81-84.

[5] Witten I B,Bergan J F,Wang Z.The spinal cord:circuits for action and emotion[J].Developmental cell,2010,28(2),295-308.

[6] Causse M, Dehais F, Pastor J, & Péran, P.Flight experience enhances executive functioning[J]. Ergonomics,2017,60(6):747-761.

[7] Dehais F, Causse M, Vachon F, Régis N. Automation surprise in aviation: An event-related potentials' study of pilot's situation awareness in unexpected situations[J].International Journal of Psychophysiology,2013,89(1):115-122.

[8] Colzato L S, van den Wildenberg W, Hommel, B. Cognitive control and the COMT Val158Met polymorphism:Genetic modulation of videogame training and transfer to task-switching efficiency [J].Psychological Research,2013,77(3):368-376.

[9] McMorris T.Developing the multifaceted aspects of decision-making in high-performance environments to fulfil military needs[J].Military Psychology,2016,28(5):327-335.

[10] Smith M E.Neurophysiological manifestations of stress resilience and vulnerability:Inspiration for a refined biopsychosocial model of personalized mental health care[J].International Journal of Psychophysiology,2009,72(2):120-125.

[11] 段小欧,张曦,肖国勤.基于神经科学的飞行员训练评估方法研究[J].航空航天医学杂志,2020, 31(7):686-689.

[12] 谢玲,高兰兰,刘欢欢.基于神经科学的飞行员选拔优化模型研究[J].航空理论与实践,2018,40 (11):119-124.

[13] 赵林,李兴平,张永俊,等.基于神经科学和心理学的飞行员训练优化研究[J].空军工程大学学报 (社会科学版),2016,18(4):126-130.

[14] 陈书薇,黄馥,解伟.基于神经科学技术的飞行员训练效果评价[J].安全与环境工程,2014,21(2):128-131.

[15] 孙伟星,熊海洋,傅忆湘.基于神经科学的飞行员心理配置技术研究[J].计算机测量与控制,2014:22(1):62-65.

[16] 杨鸣辉,邓仲舜.基于飞行训练模拟的中飞行员选拔体系研究[J].北方工业大学学报(社会科学版):2012,13(2):27-32.

[17] 胡同成,吴永强,阮岐全.基于神经技术的军事飞行员选拔与培训研究[J].航空预警与指挥学院学报,2011,23(5):60-63.

[18] 曲智华,向红静,衣文昕.基于功能磁共振成像的飞行员选拔研究[J].华侨大学学报(自然科学版),2010,31(4):325-328.

[19] 王红兵,金固达,孙传武.基于突变脑电特性的飞行员精神状态监测及交互方法研究[J].长沙理工大学学报(社会科学版),2008,12(1),84-87.

[20] 黄文亮,赵璐瑶,程建中.基于神经网络的飞行员能力评估与选聘[J].系统工程电子学报,2006,28(8):1192-1197.

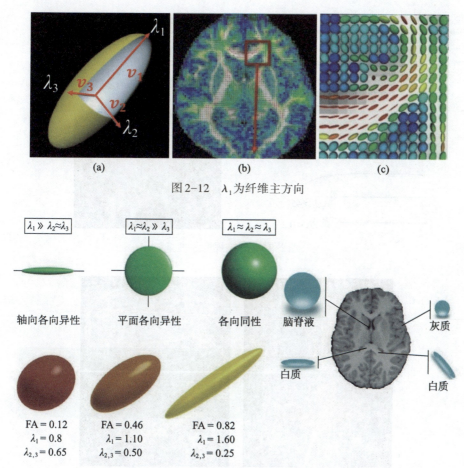

图 2-12　λ_1 为纤维主方向

图 2-13　扩散张量的标量指标

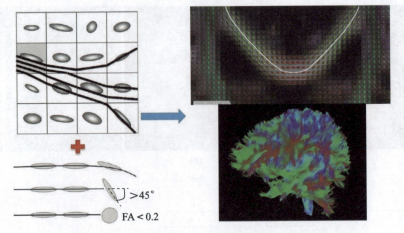

图 2-15 纤维提取原理

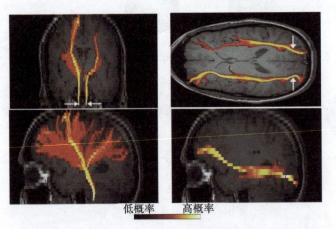

图 2-18 概率性跟踪结果

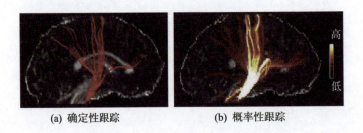

(a) 确定性跟踪　　(b) 概率性跟踪

图 2-19 确定性和概率性纤维跟踪图

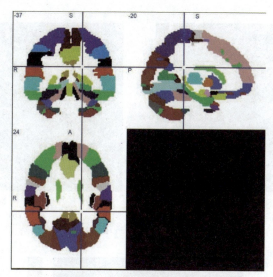

图3-8 MNI152脑模板向量图

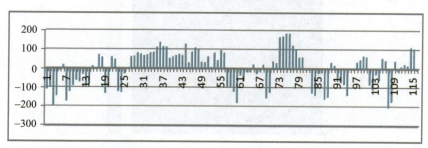

图3-12 与普通人比较飞行员脑区的密度情况

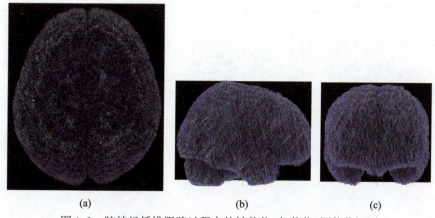

图4-3 脑神经纤维跟踪过程中的轴状位、矢状位、冠状位视图

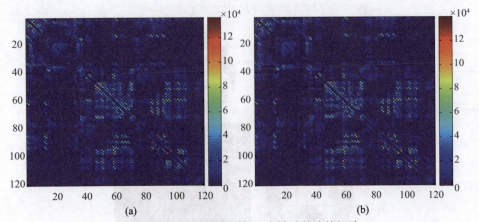

图 4-4　第 23 个被试和第 73 个被试的连接矩阵

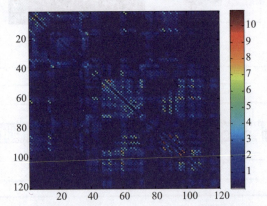

图 4-5　74 名飞行员 AAL2 脑区间平均连接纤维数矩阵

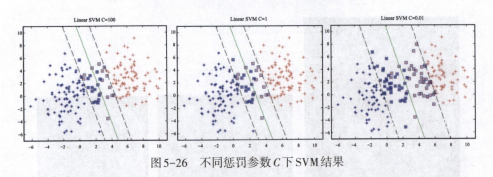

图 5-26　不同惩罚参数 C 下 SVM 结果